Jean Taek Park

EREIGNIS

[존재사건]

Ereignis 영상 감상하기

1. jtparchitecture 블로그 방문

http://jtparchitecture.com/ 에서 포스팅 'Ereignis-films and installation work' 을 클릭

2. 유투브에서 검색

유투브에서 jtparchitecture를 검색

한국어 버젼

어아이그니스—탄생의 모태공간에서 죽음의 모태공간까지

http://www.youtube.com/watch?v=hI2uNAsc9jM

영어 버젼

Ereignis—from womb space of birth to womb space of death

http://www.youtube.com/ watch?v=fx-rLo-X-M8

세개의 인터뷰

Three Interviews—Complementary Film

http://www.youtube.com/watch?v=D6eQ4KP7m_g

MANIFESTO
FOR A CINEMATIC ARCHITECTURE

The very essence of cinematic architecture is nothing less than the complete transformation of solid state materialistic architecture into an energised ever-changing process of illuminated and enlightening event-appearances where past present and future activate a time-spatiality defi ned by the duration perceived through our ability where the eff ect of independent movement of matter in space—which is the physical kinematics—itself illuminated by the often contradictory revelation of fi lmic sequences of narrative memory processes thus attaining the otherwise impossible simultaneity of space and time

— Pascal Schöning

영화적 건축 선언서

영화적 건축의 참다운 본질은 고체상태의 물성인 건축을 생기 있고 밝은 사랑이 가득한 이벤트의 모습들로, 그것들의 에너지화된 지속적인 변화의 과정으로 철저하게 변형시키는 것이다. 그 변형은 과거와 현재와 미래가 어떠한 시공간성을 촉발시키는 곳에서 일어나고 그 시공간성은 우리의 감각으로 인식되고 우리의 정신능력으로 구조화 되는 duration(지속)에 의해 정의되는 것이다. 그 변형 속에서 공간 속에 물질의 독립적인 운동의 효과—물리적인 운동—는 종종 서사적인 기억과정에서 영화적 순서들의 모순적 발현에 의해 그 자체로 생동하게 되는데 그럼으로 다른 방법으로는 불가능한 시간과 공간의 동시성을 성취한다.

— 파스칼 쇼닝

감사의 말

이 프로젝트가 완성되고 책으로 엮어지기까지 많은 분들의 도움이 있었습니다. 먼저 무더운 여름 밤 늦게까지 작업하고 뙤약볕 밑에서 촬영을 도운 한양대학교 에리카캠퍼스 후배 이혜성, 김초아, 이일규에게 고맙다는 말을 전하고, 같이 고민하고 조언해준 AA School에서 만난 조시은, 한윤정, Sharron Lee, Julian Löffier, 손명민에게 고마움을 표하며, 작업할 수 있는 공간을 허락해주신 김용승, 임지택 교수님께, 인터뷰를 허락하여 주신 동북아역사재단에 김영수 박사님, 건축역사이론가이신 김원식 선생님께, 서울신학대학교에 오희천 교수님께, 철학가이신 이정우 교수님께 감사의 말을 전합니다. 비록 프로젝트에서는 직접적으로 사용되지 않았으나 광장공포증에 대해서 전문적인 지식을 나누어 주신 삼성병원의 강은호 교수님께, 탑마취통증의학과의원의 양덕승 원장님께, 그리고 미국예술심리치료사이자 전문의학상담사이신 윤지원님께 감사드립니다. 촬영장소를 허락해주신 경복궁 문화재청과 국립서울현충원에 감사드리며 촬영을 위해 각종 공문서를 작성해주신 예술위원회의 차화준 과장님과 이상희님께도 감사드립니다. 사진을 쓸 수 있도록 허락해 주신 Bill Smothers, Kernbeisser, Dewey McLean, U.S. Army, I-Story, 김범석님, 녹색연합에 감사드리며 영상을 쓸 수 있도록 허락해주신 미디어 몽구와 조계종에 감사드립니다. 음악을 쓸 수 있도록 허락해 주신 Biosphere. Robert Rich, Brian Williams, Sunny Kim에 감사드리며 모델을 협찬해 주신 (주)영공방에도 감사드립니다. 응원과 조언을 아끼지 않은 친구 김용진과 김은진에게 그리고 이재혁 선배님께도 감사드립니다. 공모를 통해서 아직 미숙한 생각들을 발전시킬 수 있는 기회를 주신 베니스비엔날레 커미셔너이신 김병윤 교수님께 감사드립니다. 이 책의 교정을 보며 좋은 제안도 아끼지 않아 젊은 건축가로서 동료애를 느끼게 해준 AA School의 후배들 전진홍과 이재원에게 감사드립니다.

믿고 기다리려 주시는 부모님께, 언제나 자신의 일처럼 달려와 기꺼이 도와주던 형에게, 더욱 더 사랑하며 살 수 있도록 일깨워준 아들에게 이 책을 바칩니다.

해파리

7살, 어느 바닷가에 죽은 해파리가 한 마리
파도에 떠밀려 모래사장에 올라와 있었다. 모래사장에 구멍을 파내어
해파리를 넣고 무덤을 만들어 주었다. 거의 끝나갈 무렵
같이 놀러간 어린 아이들이
몰려와 무엇을 하고 있냐고 물었다. 해파리를 묻었다고 대답했다. 아이들은 '우와' 라고 했다.
무덤을 파헤쳐서 해파리를 보여주기로 했다.
그러나 아무래 파헤쳐 들어가도 해파리는 나오지 않았다.

새싹유치원

19살, 어느 눈 내리는 겨울 밤 집을 나왔다.
친구들과는 지금 막 헤어진 순간이었다. 주머니에는 700원 뿐이었다.
강남으로 이사 오기 전에 살던 화곡동에 가보기로 했다.
가는 길엔 사람도 차도 거의 다니지 않았다. 눈이 소복하게 쌓여 있었다.
고속터미널을 지나
노량진의 어느 달동네를 지나 구로공단을 지나
화곡동에 도착했다. 가는 동안 날이 밝았다.
어렸을 때 다니던 경인체육관이며 새싹유치원을 보고 싶었다.
그러나 어디에서도 기억 속에 장소를 찾을 수 없었다.

아파트

25살, 전국방방곳곳 한국의 전통건축을 보기 위해 답사를 다녔다.
서울에도, 지방 도시에도, 산골짜기에도, 논밭위에도, 강가에도, 호숫가에도
똑같은 모양과 평면의 아파트가 있었다.

올림픽대로

32살, 갯벌위에 대규모 건설현장들이 눈에 들어왔다. 공항버스는 올림픽 대로를 탔다.
나지막하던 강변의 아파트들은 하늘 높이 솟아 있었다.

아들

38살, 2살 된 아들은 '우와 가자' 라는 말에
벌써부터 신이 나서 신발장 옆에 자리를 잡고 앉는다.
신을 신기고
손에는 제일 좋아하는 빨간색 자동차를 쥐어주고는
35층 아파트에 하나밖에 없는 엘리베이터를 타고 내려와 함께 '우와' 를 나섰다.
35층 아파트의 단지의 깨끗한 아스팔트 위를 아장아장 걷는 아들의 모습에
가슴이 뭉클해 졌다.

Ereignis[존재사건]

탄생의 모태공간에서 죽음의 모태공간까지

Ereignis는 황제가 사라진 황후를 찾아서 경복궁에서 국립서울현충원까지 남북축을 구성하는 장소를 여행하는 이야기 구조이다. 황제는 한국사회의 지성인으로, 황후는 급속한 현대화와 도시화 과정에서 잃어버린 혹은 바로잡지 못했던 것들로 생각하였다. 황제의 여행은 영화적 사건들로 끊어지고 고립된 남북축 위의 장소들을 연결하는데 이것은 영화 속의 이야기가 실제 현실세계에 제안하는 보행자 길의 제안이기도 하다. 다시 말해서 보행자 길을 제안함에 있어 그 가능성과 현실성을 기술적으로 연구하고 타진한 것이 아니라 몽상의 이야기로 연결하였다. 그럼으로써 건축전시회라는 이벤트를 통하여 서울이란 도시의 문제에 대하여 관람자들의 자발적 관심과 담론을 유도하고 싶었다. 영상은 관람자가 의식하건 의식하지 않건 영상 속의 시공간으로 쉽게 빠져들게 할 수 있고 건축적 경험과 비견되는 영화적 경험을 제공할 수 있기 때문이다.

Ereignis[..||aignis] 어아이그니스

물질이나 장소들은 그 자체로는 아무런 의미가 없고 사건들에 의해 존재가 의미화 된다.
하이데거의 용어인 Ereignis는 번역은 "사건", 또는 "시선 속으로 들어는 것", 또는 "나타나거나 출현하는 것", 또는 "치명적 인 것" 이다. 다시 말해서 존재사건은 존재하지만 인식되지 않는 존재자체가 존재로서 의미화 되는 과정을 지칭한다.

이 프로젝트의 목적은 보이지 않는 장소들을 이 도시의 거주자인 우리의 시선으로 끌어내고 그 실존적 가치와 의미를 묻는 것에 있다. 현대도시의 빠른 속도 속에서 보이지 않던 존재들의 잠재된 의미를 삶의 배경에 들어내고자 한다.

황후가 사라졌다 그리고 황후가 가진 그 공간도 함께 사라졌다

사람들은 황후가 죽었다고 했다

그러나 그녀의 사체는 발견되지 않았다

또 다른 도시가 황제의 도시 속에서 자라나고 있었다

같은 곳이지만

전혀 다른 사람들과 전혀 다른 삶의 방식으로

1896

광화문

Otto E. Ehlers published in Im Osten Asiens

2012

광화문

c1930

Downtown Seoul

2012

Downtown Seoul

c1920

Downtown Seoul

© Kernbeisser

2012

Downtown Seoul

1966

Han River View from UN Village

© Bill Smothers

2012

Han River View from UN Village

1966

Han River View from UN Village

© Bill Smothers

2012

Han River View from UN Village

1966

Han River View from UN Village

2012

Han River View from UN Village

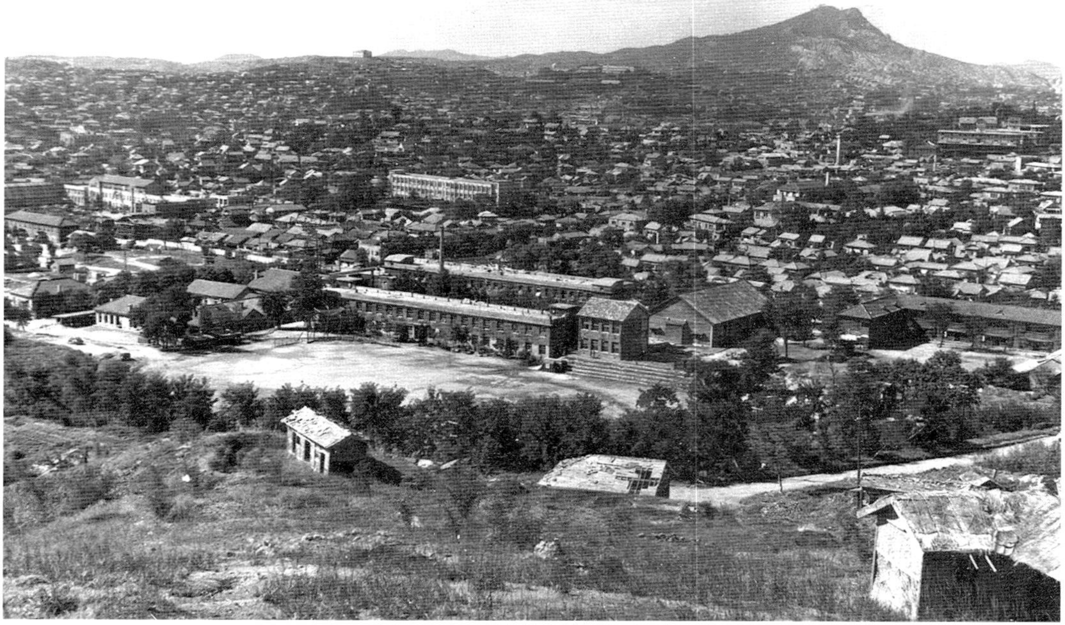

1951-53

Old Yongsan Middle School

© Dewey McLean

2012

Yongsan High School

1951-53

Namsan Mountain

2012

Namsan Mountain

1897

Sungraemoon

2012

Sungraemoon

1896

Sungraemoon

2012

Sungraemoon

modern man has abandoned his home and is forever on a journey towards an unattainable utopia. The homelessness of the modern man has even a metaphysical dimension; a godless man is fundamentally a traveller without a destination, without an ultimate spiritual home. Buildings are monuments and road signs on this journey of distancing, alienation and outsideness.

현대인은 그의 집을 버리고 떠나왔고 가질 수 없는 유토피아를 향하여 끝없는 여행 중이다. 집이 없는 그 현대인은 심지어 형이상학적 차원을 가졌는데; 신을 믿지 않는 그자는 근본적으로, 영혼이 쉴 곳이 없이, 목적지 없이 배회한다. 건물들은 이러한 소외와 이탈의 길 위에 서있는 기념비들과 도로 표지판들이다.

Andrei Tarkovsky

Ereignis

존재사건 - 탄생의 모태공간에서 죽음의 모태공간까지

현재는 만약 언제나 존재하는 현재이고 과거로 이행하지 않는다면 이미 현재가 아니고 영원이다. 그리고 현재의 시간은 마음속에 아로새겨진 것으로서, 과거의 현재인 기억, 현재의 현재인 직관 혹은 지각, 미래의 현재인 기대로 이루어진다.

2000년 어느 여름 밤 그의 설계노트에서......

목차

들어가는 말

이 책은 2012년 베니스 비엔날레 참여작가로 작업하면서 한 작업들과 생각들을 모은 것이다. 기존 한국의 고착화된 혹은 작가주의 위주의 비엔날레 방식에서 벗어나고자 했고, 또한 전시 총감독인 David Chipperfield가 내세운 전시주제 Common Ground와 부합하기 위해서 국내에서는 처음으로 참여작가를 공모했으며 이 공모를 통해서 본인은 신진작가로 선정되었다. 신진건축가에게 거는 기대가 컸기에, 그리고 지난 10년간 런던에서 공부하고 일하면서 경험한 것들을 바탕으로 처음으로 한국에 하는 작업이었기에, 그리고 아직 무명의 작가로서 베니스 비엔날레는 본인에게는 이미 완성해 놓은 것을 인정받는 무한한 영광의 자리가 아닌 지금까지 본인의 생각을 알리고 기성의 건축가들이 아직 제시하지 않은 새로운 가능성들을 찾아야만 하는 매우 부담스러운 자리이기도 했다.

본인 역시 Common Ground라는 주제에 부합하기 위하여 예술가와 협업을 시도 했으며 철학자, 건축도시이론가, 역사학자를 만나서 자문을 구하기도 하였다. 비록 최종 출품작의 전경에서 제외되었으나 공황장애, 광장공포증을 현대의 거대 도시(Metropolis)에서 나오는 병리적 현상으로 보고 심리 학자들에게 자문을 구하기도 하였다. Common Ground는 스타 건축가 체계나 한 개인의 재능으로 이끌어지는 야심에 찬 건축의 비전 보다는 여러 사람이 모여 공통된 주제를 연구를 하며 새로운 생 각을 자극하기를 요구하고 있다.

우연이었지만 이번 한국관 전시는 영상으로 진행되었고 본인은 AA School이란 곳에서 '영화적 건축' 이라는 건축이념 아래서 이미 영상을 사용한 경험이 있었고 Oxford Brookes라는 학교에서 영상으로 디자인을 발전시키는 건축에 대해서 학생들을 가르치기도 했다. 영상을 완성된 작품의 재현(Presentation)의 도구로 사용하는 것이 아니라 건축적 경험과 비견되는 영화적 경험의 도구로써 혹은 새로운 시공간의 차원을 찾는 디자인 도구로써 사용하는 것이다. Ereignis[존재사건]은 교육환경에서 벗어나 최초로 만든 영상작업이었으며 그래서 프로페셔널로서 많은 시행착오와 개선해야하는 점을 남겼다. 그럼에도 이렇게 책으로 묶는 것은 본인은 영상이 건축 디자인 도구로써 혹은 건축의 담론을 만들어 내는데 있어서 무궁무진한 가능성을 가졌다고 보기 때문이다.

책은 크게 세 장으로 이루어져 있다. 첫 번째는 공모안, 두 번째는 프로젝트를 진행하면서 가지고 생각들과 경험했던 것들, 그리고 마지막으로 Ereignis 본 프로젝트이다. 공모안과 제출작은 전혀 달라 보인다. 이것은 공모안이 런던에 있을 때 했던 작업을 재해석한 것이기 때문이고, 제출작은 한국관의 작가로 선정되었기에 한국에 들어와서 3개월 동안 새롭게 작업했다. 두 작업의 겉모습이 달라 보임에도 불구하고 두 작업 모두 한국관 주제인 '건축을 걷다' 에 대해서 Charles Baudelaire와 Walter Benjamin의 Flâneur의 개념에서 영감을 얻었다. Flâneur를 자유롭게 목적지 없이 도시를 산책하며 지식을 얻는 지성인으로 보았다. 그리고 나에겐 그들이 우리의 도시에서 가장 결핍된 존재로 보여졌다.

박정현의 Ordinary를 들으며

2012년 11월 18일

조해연

Artist' s Impression of Gyeongbok Palace, Untitled, 76x101cm, Oil on Canvas, 2012

어릴적 기억

나는 어렸을 때 강남에서 살았다. 우리 집은 아파트가 아닌 새롭게 단장된 주택가의 끝에 있었기 때문에 집에 가는 길은 번화가에서, 상가건물들이 사라지고 길이 좁아지는, 주택단지로 들어가는 일종의 공간적 깊이와 단계가 있었다. 부모님을 따라 어딜 갔다 오거나 아니면 학교를 갔다 올 때 난 늘 메인도로를 따라 이동했다. 도로의 북쪽은 아파트 단지였고 남쪽은 주택단지였다. 큰 도로를 따라 상가들과 학원들, 전자오락실등이 있었고 우리 집이 있는 주택가 안쪽으로 조금 들어오면 놀이터가 있었다. 이 놀이터는 원래 공터였는데 한참 뒤에 놀이기구가 들어섰다. 놀이터 앞에는 구멍 가게가 있어서 놀다가 학교를 다녀오다가 늘 들리곤 했다. 구멍가게의 입구엔 과일과 채소들을 팔기 위해 비닐천막으로 만든 온실이 있었다. 여기엔 이집 고양이가 항상 누워있었다. 여길 지나 조금 더 들어가면 주택가의 끝에 우리 집이 있었다. 집을 지나면 향나무 숲이 시작 되었고 그 숲을 가로질러 가면 경부고속도로가 있었다. 향나무 숲으로 들어가 경부 고속도로를 따라 남쪽으로 걸으면 숲이 열리면서 밭이 나왔다. 밭에서는 수확이 끝나고 남은 콩 쪼가리들을 주서 친구들과 공터였던 놀이터로 돌아와 불을 지펴 구워먹곤 했다. 이 밭에서 여름이면 잠자리 때를 쫓으며 잠자리 싸움을 했으며 겨울엔 경부고속도로 배수로에서 썰매를 만들어 탔다.

아파트 단지와 상가건물들이 있는 북쪽에서 남쪽으로 주택단지를 지나 텃밭이나 숲으로 구성되는 여행은, 인간의 영역이 점차 자연과 조우하며 공공 공간에서 거주공간으로 변화하는 공간의 단계적 변화가 있었다. 마치 라깡과 프로이드가 한스의 정신분석에서 했던 것처럼 나의 공간적 경험은 현재 내 인식의 틀과 세계관을 형성하는데 중요한 공간적 배경을 마련했을지 모르겠다.

삼촌들과 살던 나의 방은 남서향이었는데 남쪽에는 창이 있었고 서쪽에는 조그만 유틸리티 공간과 직접 밖으로 나갈 수 있는 후문이 있었다. 날마다 해가 길게 늘어져 유틸리티 공간의 어둠 속에서 석양빛이 수평선으로 쏟아져 들어왔다. 때로 이곳에 짚으로 엮은 발을 걸어놓아 석양빛은 쪼개어졌으며 바람에 산들산들 불어 발이 문틀을 탁탁 쳤다. 그럴 때마다 향나무 숲 내음이 햇빛에 쏟아졌다. 장마철엔 맹꽁이 우는 소리, 늦은 여름밤엔 귀뚜라미 소리가 요란했다. 난 이곳에 누워 미국으로 이민을 간다는 삼촌들의 영어공부 소리를 한가롭게 듣곤 했다.

하지만 밤이 깊어 모든 것이 잠들면 향나무 숲을 넘어 경부고속도로의 굉음이 들렸는데 때로 창문이 그 굉음의 음파에 흔들리는 것 같기도 했으며 어떨 땐 집이 사라지고 도로 옆에 버려진 듯한 느낌을 받았다. 나에게 집의 존재는 평화롭고 따뜻한 동시에 시간의 변화에 어둠속에 잠겨 사라지는 것이기도 했다. 시간의 변화에 따른 물리적 공간의 질적인 변화, 그에 따른 나 개인의 감정의 변화, 계절의 변화에 따른 자연의 변화 등은 내가 무의식중에 건축디자인을 형성하는데 기반이 되었던 것 같다. 베르그송은 아무 것도 사라지지 않는다고 했다. 모든 것은 무의속의 저장되며 내가 어떠한 결정을 할 때 의식의 상태로 또는 무의식인 상태로 현재의 순간에 참여한다.

우리 집이 있었던 공간의 셋팅은 매우 연약했다. 나는 학교를 오가며 메인 도로를 따라 비어있던 공터에 새로운 건물이 들어서는 것을 많이 보았다. 대개 박스였고 표면은 곧 간판들로 덮어졌다. 나의 방 뒤에 있던 향나무 숲도 마찬가지였다. 아파트가 들어섰고 길게 늘어지던 석양 빛도 사라졌다. 익숙했던 것 친근했던 것의, 어쩌면 나의 정체성이 물리적으로 새겨지는 장소와 물리적 흔적 들은 지속적으로 상실되었다.

빠르게 도시가 자라고 확장하며 기존의 도시조직과 자연환경을 파괴하는 것을 보았다. 그리고 대부분은 격자구조의 획일적인 콘크리트 아파트 블록들로 대체되었다. 자연스럽게 건축을 하게 된 동기는 어떤 위대한 건축물에 거역할 수 없는 전율이나 감명을 받아서가 아니라 '내가 해도 이것보단 잘 하겠다' 라는 어린 아이의 순진한 호기였다.

13회 베니스 건축 비엔날레 주제

Common Ground에 대하여

13회를 맞고 있는 이번 2012년 베니스 건축비엔날레는 영국의 건축가 데이비드 취퍼필드(David Chipperfield)가 총감독을 맡았다. 12회에 카즈오 세지마(Kazuyo Sejima)이후 건축이론의 학문적 연구(academic writing)와 건축전시계획에(curating)서 활동이 미약하던—Peter Cook이나 Peter Eisenman 등과 비교하여—실무전념형의 스타 건축가가 총감독을 맡은 두 번째 전시이다.

건축가인 동시에 Vittorio Gregotti(1975년 총감독)는 비평가였으며, Paolo Portoghesi(1982년 총감독)는 역사학자, Hans Hollein(1996년 총감독)은 예술가였다. 이들 모두 베니스 비엔날레 총감독을 맡기 이전부터 전시활동이나 큐레이터로서 경력이 있었다. 그리고 이들 총감독들은 하나의 건축적 비젼을 혹은 개념을 던지고 전시를 이끌었다. “Presence of the Past”—Paolo Portoghesi, “The Architect as Seismograph”—Hans Hollein, “Metamorph”—Kurt Forster(2004년 총감독).

실무전념형 건축가가 총감독으로서 선택된 이유는 과거에는 건축가들이 일반인들에게 어떤 형태의 놀랍고(shocking) 화려한(Spectacular) 오브젝트를 선사하길 바랬다면, 지금은 건축에 대한 올바른 질문을 던져주길 바라고 있다고 보인다. 특히 이것은 현재의 경제침체가 무의식적으로 작용했을 수도 있다.

그럼으로 본인은 데이비드 취퍼필드가 올해 주제로 제시한 ‘Common Ground’를 매우 실무자의 입장에서 보아야 된다고 생각한다. 이것은 난해하거나 추상적인 건축개념이 아니고 유토피아적 미래를 약속하는 해결책도 아니며 건축의 양식과 관련된 것도 아니다. Common Ground는 실무를 하는 건축가가 프로젝트를 진행시키면서 직면하게 되는 다양한 문제들과 각기 다른 이해를 가진 단체 혹은 개인과의 갈등 속에서 우려져 나온 듯하다. 예를 들어 그는 Havard 대학교에서 한 강의에서 베를린의 Neus Museum의 복원을 15년간 진행시키고 실현시키면서 겪었던 어려움을 성토했다. 일반인들이 주계단홀에 쥐퍼필드의 새로운 콘크리트 계단을 넣지 말고 Friedrich August Stüler의 대리석 계단을 원형 그대로 복원하자고 시위를 한 것이다. 스타 건축가이지만 자신의 디자인을 반대하는 일반인들의 시위에 어떻게 대처해야 할지 매우 난감했을 것이다. 그래서 그는 박물관 측과 일반인들과 그리고 프로젝트에 관련된 다양한 계층의 사람들을 지속적으로 만나면서 대화를 하고 설득을 해야 했다고 한다.

Gommon Ground에 대한 그의 글을 보면 각기 다른 이해를 가진 단체들과 개인들의 사이에서 그리고 사회적 제도, 법률, 문화 속에서 건축가 어떤 위치에 놓여있고 그 위치가 어떻게 위태롭게 축소되고 있는가에 대한 자각이 들어있다. 그래서 그는 한 개인의 역량보다는 공동의 기반을 가지고 다른 생각을 가진 여러 사람들이 함께 모여 하나의 목소리를 내기를 요구했던 것으로 보인다. 그는 한 개개의 건축가에 커미션을 주고 그의 전시공간을 채우기를 허락하기 보다는 제한된 그룹의 건축가들을 설정하여 미래에 더 많은 연구가 필요한 아이디어를 발전시키기를 원했다. 그 그룹은 다른 생각을 가지고 있는 건축가들이 될 수도 있고 건축가와 예술가 혹은 비평가, 정치가, 과학자 등 다양하게 이루어질 수 있다. 디자인의 원동력이 한 개인의 역량보다는 그래서 위에서 아래로 (Top-down) 떨어지기 보다는 아래에서 위로(Bottom-up)으로 이루어지는 것을 염려해 둔 것으로 보인다.

Common Ground의 다른 한 면은 장인정신, 물질을 세공해내는 기술(Craftmanship)과 역사, 경험, 이미지 그리고 언어의 풍요로운 기반(Rich ground of history, experience, image and language)이다. 이것은 쥐퍼필드의 건축언어를 집약하는 핵심적인 표현이다. 그리고 2010년 세지마가 초점을 두었던 즉흥적이고, 감각적인 환경경험(immediate, sensory environmental experience)에 반작용하며 물질구축의 중요성을 강조한 것이다. 그는 시간의 흐름에 변하지 않는 건축의 주요과제로 물성을 어떻게 표현할 것인가? 어떤 질료를 가지고 어떻게 구축할 것인가? 가로 본다. 이것은 다음에 다루겠지만 건축의 촉각적인 부분과도 밀접하게 관련된다. 그리고 다른 하나는 건축의 공간 구성에 있어서 역사적 유형과 기억(경험, 이미지, 언어등) 속에 바탕을 두는 것이다.

지아르디니(Giardini)의 중앙전시장(Central Pavilion)의 전시구성은 이와 같은 취퍼필드 건축의 성향을 잘 보여준다. 그러므로 지금부터 중앙전시장에 있는 많은 전시 중 세가지 전시를 선택하여 소개하겠다. 이 전시들은 모두 여러 건축가들에 의해서 협업된 작업이다.

전시 1

Grafton Architects

Paulo Mendes Da Rocha

아일랜드 출신인 Grafton Architects은 페루의 리마(Lima)에 대학교 프로젝트 당선시켰고 어떻게 이 지역의 특정 기후에 건물을 짓는가를 이해하기 위해 프리츠커상 수상자인 Paulo Mendes Da Rocha와 대화를 했다. 그리고 그의 프로젝트인 Serra Dourada Stadium을 연구했다. 콘크리트로 만들어진 대형모델은 벽에 걸린 마추픽추(Machu Picchu)와 사진과 병치되면서 특정 기후에서 어떻게 특정 질료가 공간을 열고 닫으며, 그림자를 드리우고 빛 아래서 아른거리며, 구축을 통해서 물성을 드러내는가 보여준다.

Grafton Architects 전시사진 01 - Central Pavilion, Giardini

Grafton Architects 전시사진 02 - Central Pavilion, Giardini

전시 2

Toshiko Mori Architect

Marcel Breuer

Philip Johnson

Frank Lloyd Wright

Paul Rudolph

Ludwig Mies Van Der Rohe

Toshiko Mori는 Common Ground를 디테일디자인에 있다고 보았다. 디테일은 관념, 재료, 텍토닉, 구축등의 건축요소가 하나로 응집되는 곳이다. 그녀의 디테일이 과거의 건축가들(Frank Lloyd Wright, Ludwig Mies van der Rohe, Paul Rudolph, Marcel Breuer, and Philip Johnson)의 디테일과 공명하고 있으며 무언의 대화를 하고 있다. 그리고 과거의 디테일들이 언제라도 다시 미래에 재발견되어질 수 있다.

Toshiko Mori Architect 전시사진 01 - Central Pavilion, Giardini

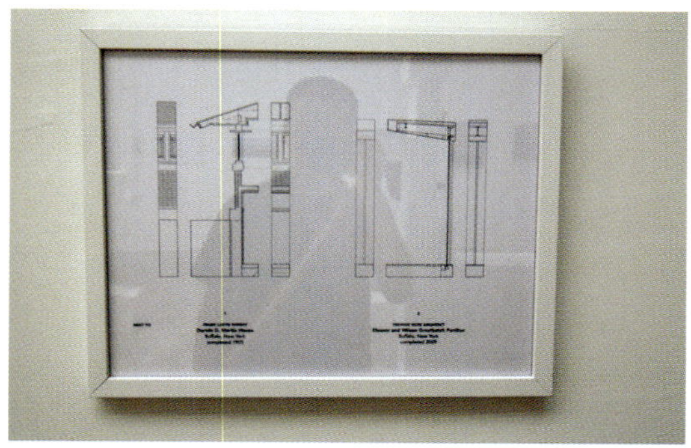

Toshiko Mori Architect 전시사진 02 - Central Pavilion, Giardini

전시 3 : The Piranesi Variations : The Project of Campo Marzio

A Field of Diagrams　Peter Eisenman Architects
A Field of Walls　DOGMA　(Pier Vittorio Aureli)
A Field of Dreams　Kipnis/Oubrerie/Turk

이 프로젝트는 역사상 가장 중요한 건축드로잉 중에 하나인 피라네시의 Campo Marzio를 Common Ground로 취한다. 피라네시의 Campo Marzio는 로마의 옛모습을 1762년 추측과 상상에 의해서 재구성한 것이다.
세 팀은 Campo Marzio를 바탕으로, 상상으로 만들어졌지만 상징적인 Campo Marzio의 장소에 새로운 실험정신의 켜를 입히며 새로운 가설들을 창조해 냈다. 결과는 건축의 역사 속에 담겨진 것들에 대한 새로운 창조적 가설과 재해석은 전혀 소모되지 않는다는 것이다.

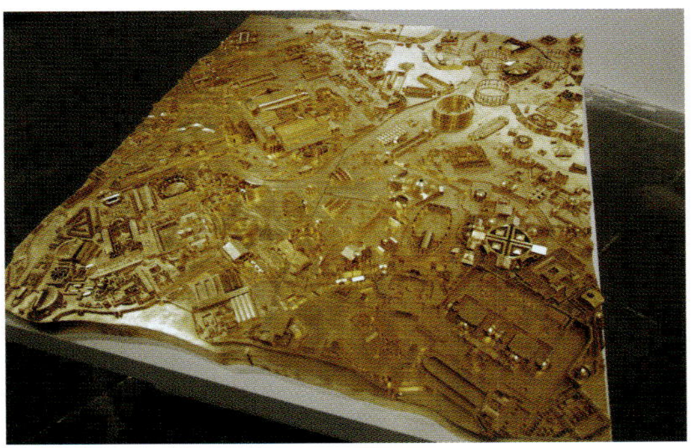

Campo Marzio 모형 - Central Pavilion, Giardini

A Field of Diagrams - Peter Eisenman Architects

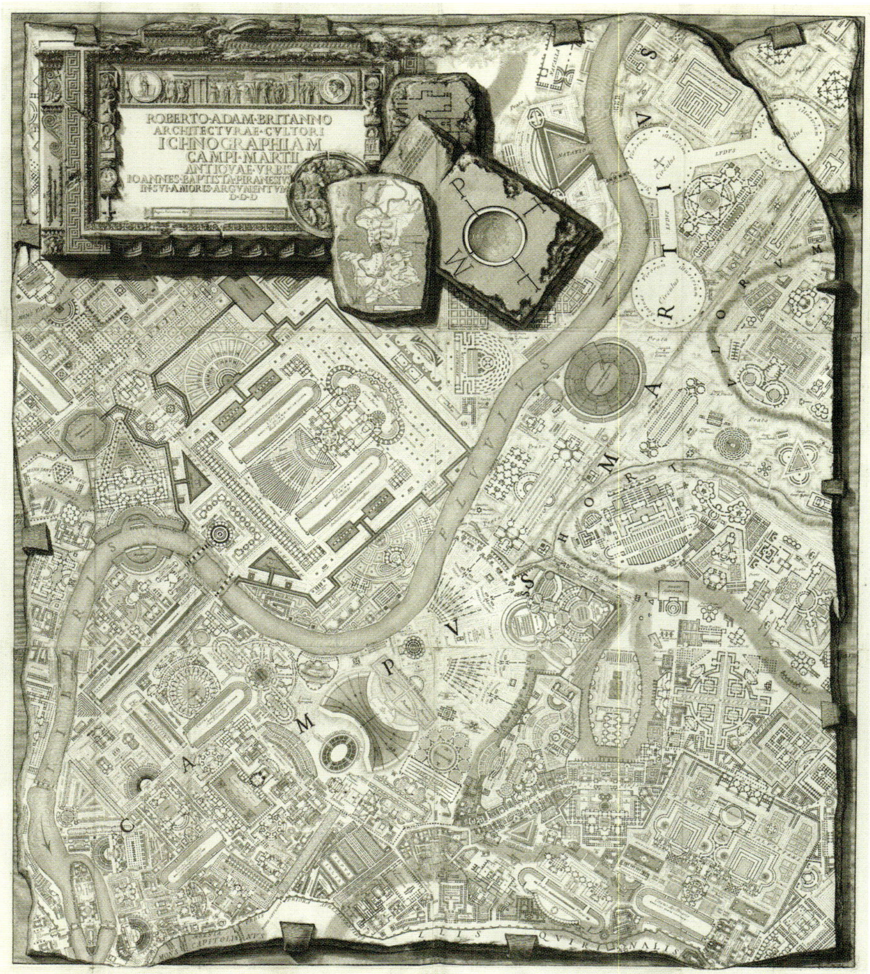

Campo Marzio - Piranesi, 1762

중앙전시장의 전시구성만 본다면 Common Ground는 추상적인 개념이나 공시적인 사건에 관한 것이기 보다는 끊임없이 재발견되어지고 재해석될 수 있는 건축 재료의 중요성 즉 물성(전시 1, 2)과 건축의 통시적 속성들(전시 3)을 찾고 있다. 이것은 그가 발제에서 강조하는 내용 아래서 주제해석에 대한 취퍼필드의 개인적인 건축성향이 드러난 것으로 보인다.

지금까지 Common Ground에 대하여 주제를 읽고 전시공간을 둘러본 경험을 바탕으로 본인의 의견을 밝혔다. 요약하자면 Common Ground는 개인 창작자의 역량보다는 '나누고 공유될 수 있는 생각들' (Shared ideas over individual authorship) 그리고 '어떤 개인의 작업을 북돋고 편집하여 보여주는 것보다 다름의 풍부한 문화' (rich culture of difference rather than a selection of edited and promoted positions)를 찾고자 했다. 취퍼필드의 건축성향은 '물질의 구축' 을 강조하고 있지만 대주제 아래서 각 국가관이나 주제관의 참여자들에게는 건축실무자의 입장에서 다양한 목소리를 내기를 요구했던 것으로 보인다.

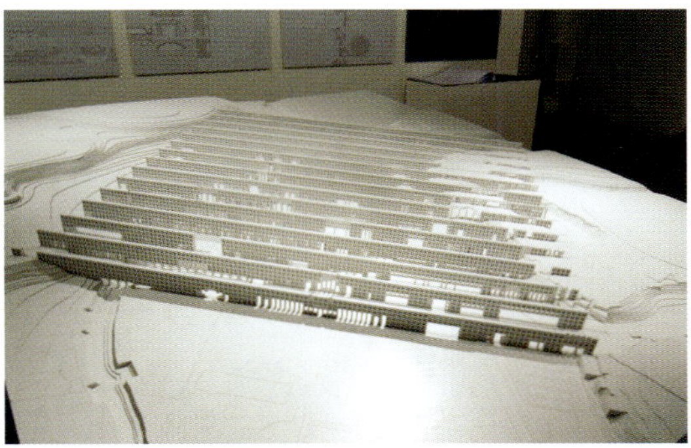
A Field of Walls - DOGMA (Pier Vittorio Aureli)

A Field of Dreams - Kipnis/Oubrerie/Turk

13회 베니스 건축비엔날레 한국관 주제

'건축을 걷다' 에 대하여

한국관 주제 '건축을 걷다' 에 대한 작가성명(Statement)

급속한 경제발전과 도시화 속에서 잃어버린 것은 기억이 적층된 장소들뿐만 아니라 인간 그 자체이다. 왜냐하면 인간 그 스스로도 장소이기 때문이다. '건축을 걷다' 는 기계화된 일상의 굴레에서 벗어나 잃어버린 장소들을 찾아가는 지성인의 자유로운 산책이다.

대부분의 사람들은 걸을 수 있기에 그리고 나름대로 그 행위로부터 우려져 나온 경험과 의견을 가지고 있기에 '건축을 걷다' 라는 이번 2012년 베니스 비엔날레 한국관의 주제는 너무 쉽게 이해되거나 혹은 반대로 이것을 현상학적이거나 신경과학으로 접근하여 논리적으로 증명하려 한다면 과연 그러한 걸음으로서 발생되는 인간의 지각능력이나 인간신체의 신진대사의 변화를 어떻게 건축디자인으로 발전시킬 수 있는가 어려운 난제의 딜레마에 빠져있는 듯하다. 어느 쪽으로 접근하더라도 주제를 받아들이는 주체의 개인적 경험과 주변의 상황에 따라서 호불호가 크게 갈릴 수 있다.

전시회가 이미 진행되고 있는 현시점에서 '걷다' 는 두 가지로 적용된 듯하다. 하나는 전시장이라기보다는 주택과 같은 공간 구조를 가진 베니스 한국관의 내의 전시장 구성 테마로 적용되었다. 다른 하나는 '건축을 걷다' 라는 주제에 대하여 작가들이 준비하는 작품에 '걷다' 라는 대주제와 함께 다섯개의 소주제 중 하나 이상을 선택하여 자신들의 영상에 포함시키는 것이었다. 이글에서는 전시테마로서 '건축을 걷다' 를 간략하게 다루고 대주제와 관련하여 소주제대한 해석을 개진하며 본인의 작품에서 '걷다' 가 무엇인지 논의하겠다.

2012년 베니스 한국관은 골목길과 같은 공간이 한지를 바른 스크린과 TV를 받치는 나무 프레임으로 짠 전시구조물과 등을 통하여 만들어졌다. 이 골목길엔 관람자를 단 번에 매혹하는 Wow factor가 없다. 그리고 영상들이 Sync되거나 드라마를 연출하기 위해 강제된 전시동선도 없다. 전시공간에서 어떤 의도된 메시지나 Wow factor를 기대했던 관람자들이라면 실망스러운 전시였을 것이다. 그러나 영상들의 파편과 불일치는 다분히 의도적인 것이었다. 영상은 메시지가 아니라 '걷다' 라는 행위의 배경이 되어야 했다. 그리고 메시지는—새로운 계층에서 선택된 여덟 명의 작가들의 영상 속에서—걷는 관람자의 행위를 통해서 관람자의 내부에서 자발적으로 발생되는 것이어야 했다. 관람자가 영상을 보기 위해 멈춰 서 있어야 한다면 차라리 영상들을 1분 이내로 제약을 두거나 영상을 집중할 수 있도록 극장과 같은 어두운 방을 만들어야 했다. 그러나 그러지 않았다. 이것은 새로운 시도였다. 문제는 지속적인 '걷다' 가 요구되는 한국관의 크기가 그 이상의 차원으로 관람자를 유도하기에는 물리적으로 너무 작고 시간이 짧았다는 것이다. 미디어는 오픈닝 때 사람들은 꽉차있는 상태에서만 전시관을 보고 기사를 써야 했다. 그리고 어느 전시관에 얼마나 많이 사람들이 줄을 서 있는가로 전시의 성패를 결정지었다. 역설적이게도 이것은 Common Ground가 지적하고 있는 Wow factor에 대한 요구이기도 했다. 만약 사람이 거의 없는 어느 오후에 한지에 투과되는 부드러운 햇살을 음미하며 한국관에서 장시간을 보냈다면 전혀 다른 인상을 받았을 지도 모르겠다. 어쨌든 본인은 이러한 새로운 시도에 박수갈채를 보낸다. 파편이 된 여덟 작가의 영상도 원래 하나에서 깨어져 나온 것처럼 조각조각이 맞고 일체성을 이루어야 했겠지만 그렇게 되지 못한 것이 아쉬움으로 남았지만 구태를 탈피하려는 그리고 Common Ground 화답하려는 이러한 새로운 시도 속에 서 본인은 비엔날레 작가로 선정되었다.

전시장 테마로서의 '걷다' 가 다소 말 그대로 '걷다' 를 의도하였다면 작가들이 준비하는 작품 속에서는 '걷다' 가 은유적이거나 함축적 의미일 수밖에 없게 된다. 왜냐하면 소주제를 구성하는 요소들은 현대건축에 대한 비평을 담고 있기 때문이다. 그래서 본인은 '건축을 걷다' 라는 너무 쉽지만 반대로 또한 너무 어려운 이 대주제를 잠시 접어두고 5개로 주어진 소주제에서 먼저 얘기하고자 한다.

01 POST MAX

The future of Korean Architecture > Tomorrow

Recent architectural developments have alienated a sense of community from the public realm, setting the built environment in opposition to the natural habitat. Post Max seeks a new reciprocity between nature and society, to reestablish the communal values that for centuries have been part of the Korean architectural landscape.

02_POST GRAY

A sustainable outlook beyond the modern > TOGETHER

Post grey is a new architectural paradigm which breaks away from the dogmatic syntax of modern architecture allowing the discipline to evolve beyond the infatuation with representa- tion towards a sustainable and holistic vision.

03_ENGRAVING EMOTIONS

Existing and Past conditions > EXISTING

Everyday spaces, the existing spaces we dwell in, express a deep resonance within our memories. The everyday context creates a common atmosphere that allows us to belong to a place. Place and belonging become engraved in architecture.

04_ENGRAVING TECTONICS

Positioning ourselves withing nature > Between

Craftsmanship, the act of assembling buildings, is a trade that modernization is gradually eroding from Korea culture. Engraving tectonics enquires what craftsmanship is today, how with the advent of digital fabrication can a sense of poetic tectonics still be aspired and achieved.

05_WAY TACTILITY

Architecture related to the senses > TANGIBLE

Traditional Korean architecture aspires to stimulate the senses through a careful manipulation of space, material and human proportions. Today' s generic environment so prevalent in our cities, have worn out this sense of complexity, creating by default a homogeneous surround- ing, Korean spaces has been lobotomized. This theme seeks to rediscover the tangible side of architecture.

소주제는 '다섯 가지 걷기 방식 안에서 주제 탐구(Theme Exploration in the Form of Five Walks) 라는 제목 하에 주어졌다. 이것은 영어문장의 번역이 아니라 본인의 개인적인 해석임을 밝혀둔다.

POST MAX는 현대 한국의 도시들이 성장의 곡선에서 정점을 찍고 있으며 성장이 끝나고 난 이후의 미래에 대해서 묻고 있다. 요점은 도시가 성장하면서 자연과 조화를 이루지 못하고 도시의 성장이 자연과 대치적 상황으로 이루어졌는데 미래에는 과연 어떤 건축적 접근이 필요한가이다. 여기서 공동체(Society)와 자연의 상호관계를 회복함으로서 한국의 전통적 공동체가치를 회복하고자 하는데 이 부분은 짧은 텍스트로 간파하기에는 뜻이 다소 애매한 듯하다.

POST GRAY는 콘크리트로 건물로 대변되는 현대건축의 종교교리와 같은 건축구법의 종말을 선언하며 어떻게 지속가능하고 전체를 아우르는 비젼을 만들어 내고 진화시켜나갈 것인가에 대해서 묻고 있다.

ENGRAVING EMOTIONS에서는 장소성에 대해서 묻고 있다. 장소는 우리가 태어나고 자라고 성장하며 우리의 추억을 새겨지는 곳이며 꿈을 꾸며 미래를 준비하는 곳이다. 그래서 장소에는 거주자의 영혼이 그리고 흔적이 남겨진다. 한국의 도시들은 급속한 성장과정에서 지속적으로 장소를 파괴하며 기능적인 공간으로 대체시켜왔다.

ENGRAVING TECTONICS은 구법과 미학이 융합되며 만들어지는 텍토닉에 대해서 묻고 있다. 장인정신이나 질료를 다루는 기술들은 현대화 과정에서 서서히 사라졌다. 그리고 요즘에 대두되는 디지털 제작방식과 함께 어떻게 시적 텍토닉이 가능하겠느냐 묻고 있다. 본인의 의견으로는 특히 한국의 최근 현대건축에는 텍토닉을 기반으로 건축작품활동을 하는 건축가는 극소수에 불과하다.

WAY TACTILITY에서는 건축에서 가장 중요한 지각요소 중에 하나인 촉각을 어떻게 회복할 것인가 묻고 있다. 건축에서 촉각의 중요성은 실존주의/현상학 건축이론가인 쥬아니 팔라스마(Juhani Pallasmaa)의 저서 *The Eyes of the Skin: Architecture and the Senses*와 *The Thinking Hand (Architectural Design Primer)*에서 제창되었다. 그는 촉각만 중요하다고 주장한 것이 아니라 사실은 시각, 청각, 미각, 후각, 촉각들이 모두 연결되어 있는데 질료에 대한 이해 없이 시각만 현혹하는 이미지가 난무하는 현재의 경향을 비판하고 물성의 중요성을 강조하기 위하여 물성을 다루는데 있어서 가장 직접적인 감각인 촉각의 중요성을 부각시켰다.

지금까지 '다섯 가지 걷기 방식 안에서 주제 탐구' 란 제목 하에 주어진 다섯 개의 소주제를 살펴보았다. 소주제의 제목과 내용들이—짧은 텍스트들로 이해하기에는—전달하고자 하는 메시지와 다소 매끄럽지 못하게 느껴지는 부분도 있지만 대의적으로 본다면 실존주의/현상학적 입장에서 현대 한국건축의 문제점들을 매우 예리하게 직시하고 작가들에게 그들의 생각을 묻고 있다고 보여진다. 인간적 삶을 일깨우는 것이고 장소를 회복하는 것이다.

그리고 다섯 가지로 나누어진 소주제는 현재 현대건축이 가지고 있는 문제이기에 따로따로 분리해서 생각할 수 없는 서로 얽힌 문제이기도 하다. 예를 들어 세 번째 '장소의 회복' 에서 말하는 감성공간은 다섯 번째 촉감과 분리해서 생각할 수 없다. 인간의 감성이 자극되는 것은 인간의 이성능력으로 비견되는 형태적 비례나 수학적 명료성 보다는 물질이 가지고 있는 촉감에서 의해서이기 때문이다. 물론 감성이라는 것은 기억과 흔적과 같이 과거로부터 이어져 내려온 장소성과 관련된다. 네 번째 텍토닉의 문제도 마찬가지다. 텍토닉은 어떤 재료를 가지고 어떻게 구축하고 아름답게 만들 것인가에 대한 문제임으로 인간이 가지는 심미적 능력을 떠나서 생각할 수 없다. 자연적으로 재료의 촉감이나 장소와 관련된 재료와 구법에 대한 질문이 동반된다.

한편 이들 주제는 한국건축만의 문제가 아니라 이미 세계적으로 건축계가 공통적으로 안고 있는 문제들이기도 하다. 특히 소주제 3에서 5까지는 베니스 비엔날레 총감독인 데이비드 취퍼필드가 매우 강조하는 부분이기도 하다. 커미셔너가 한국관 전시설치과정에서 목재장인과 한지장인과 협업한 것도 같은 맥락으로 보여진다.

앞서 말했지만 이들 다섯 개의 소주제는 '건축을 걷다' 와 직접적으로 관련성이 없다. 그래서 여기서 '걷다' 는 단순히 걷는다는 행위 이상의 무엇인가가 - '걷다' 라는 행위로서 발현되는 비자발적 기억이나 명상효과 등이나 아니면 은유적 해석이나 함축적 의미가 - 필요하게 되는 것으로 보인다. 그리고 그것은 작가들에게 던져졌다.

본인의 프로젝트 Ereignis에서 '걷다' 는 '자유' 이다. 육체적으로도 걷다는 내가 원하는 곳으로 자유롭게 이동하는 매우 단순하지만 없을 경우엔 매우 불편해지는 '이동의 자유' 의 의미를 담고 있다. 그러나 여기서 본인이 자유를 쓰는 맥락은 지성의 자유이다. 이것의 배경은 발터벤야민의 Flaneur(자유로운 도시의 산책자)의 개념과 Situationist인 Constant의 New Babylon 프로젝트이다. 현대성의 주요한 Slogan중에 하나는 과거와의 결별이었다. 과거는 단순히 시간이 지난 옛것이 아니라 비이성적인 관습과 허구로서 인간의 자유의지를 가로막는 모든 것이다. 자유로운 도시의 산책자는 특별한 목적 없이 도시를 산책하며 자유의지로 이동하며 도시 속에서 지식을 취득한다. 권력기관이나 제도권에서 만들어진 책이 아니라 학교나 도서관이 아니라 자유롭게 이동하며 자유의지로 지식을 취득하는 것이다. 이것은 19c말 유리의 보급으로 투명하게 가게의 내부 속을 훤히 밖으로 노출시킨 아케이드의 연구에서 비롯되었다. 부르주아나 귀족들의 개인 수집품으로 가득한 방에서 나와–사치스런 장식으로 치장된 집에서 나와–투명한 도시 속에서 새로운 가능성을 찾았다. 그럼으로 자유는 방종이 아니라 현대지성인의 참된 모습이며 '걷다' 는 삶과 배움의 방식이다. 새로운 자유인의 모습이다.

물론 이러한 이상들이 그대로 실현된 것은 아니며 앞으로도 그렇게 실현되기는 힘들어 보인다. 현실 사회를 변화시키는 요소들은 예측불가능하며 인간은 삶의 방식은 잘 변하지 않는다. 투명한 유리 속에 간직된 소비품들이 과연 지식을 의미하는가도 의문이다. 그러나 현대 서울의 모습을 본다면 이들의 생각과 작업들이 전하는 의미는 적지 않다.

프로젝트 Ereignis는 경복궁에서 서울국립현충원까지 약 8.5km의 보행자루트를 제안한다. '건축을 걷다' 라는 주제에 대해서 '보행자루트' 라는 직접적인 화답했으며 동시에 걷기 어려운 도시, 걷는 것이 불편한 도시, 서울에 대한 저항이기도 하다. 서울은 도시를 자유롭게 산책하기 어려운 도시이다. 전문가는 많을지언정 지성인은 거의 없는 한국의 한 단면을 그대로 보여주는 것이라 말한다면 지나친 논리적 비약일까?

이 프로젝트는 장소를 회복하고 보행로로 연결시키고자 한다. 이곳을 살다간 사람들의 삶의 흔적이 남아있어야 하고 축적되어야 한다. 지식은 책속에만 있는 것도 아니고 학교에서만 얻어지는 것이 아니다. 골목길에도 나무 밑에도 놀이터에도 텃밭에도 삶과 배움이 있다. 도시 그 자체가 삶의 장소임과 동시에 배움의 장소가 되어야 한다. 지난 세월 서울은 싹 밀어버리고 깔끔하게 새로 짓는 대규모 건설사업을 주축으로 장소를 소멸시키며 기능성 공간으로 채워져 왔다. 이 프로젝트는 끊어지고 고립된 장소들을 다시 연결하고자 한다. 그렇게 함으로써 사람들이 자신들의 장소를 회복하고 자유롭게 도시 속에서 도시를 소유하며 삶을 영위하기를 희망한다.

이 제안은 그 타당성을 교통영향평가나 보도디자인과 같은 기술적 요소로 풀지 않고 각각의 끊어지고 고립된 장소들을 황제가 사라진 황후를 찾아가는 몽상의 내러티브로 연결하면서 영화적 시공간으로 제안했다. 작가로서 본인은 구축된 몽상의 내러티브가 관람자들에게 현실의 문제들과 어떤 시적 울림을 만들어 내기를 희망한다.

한국관 전시 - 한지를 이용하여 스크린을 만들고 영상을 프로젝트 했다.
관람자는 영상의 숲, 건축의 숲을 걷게 된다.

건축가는 황후가 이 복도를 달려가는 것을 목도하였다
그녀의 안마당은 야만인들에 의해 전복되었다

황제는 황후가 돌아오는 것을 기다리기 위해 도시의 문으로 나갔다

그러나 그는 도시의 문을 찾을 수 없었다

그 때, 공기가 너무 무거워서 아무도 그녀를 따를 수 없었다

사람들의 발목엔 보이지 않는 쇠사슬이 묶였고

목적지 없이 궁 밖으로 빠져나갔다

1장. 2012 베니스 비엔날레 작가공모 제출안

Conjured Landscape, Naples

공모안은 나폴리 여행에서 도시를 걸으며 수집된 이미지와 드로잉을 통해서 시간 속에서 적응하고 타협되는 그리고 반대로 응집되는 건축의 연속성을 보았다. 그리고 그 속에서 인간의 삶이 어떻게 현대의 도시건축공간 속에서 나타날 수 있는가에 대하여 가능성을 찾았다. 나폴리란 도시의 독특함을 Situationist의 대표적 건축가인 Constant의 New Babylon 프로젝트와 연계하여 '건축을 걷다' 라는 한국관 주제에 대하여 시간과 장소는 달라도 궁극적으로 인간의 삶을 풍요롭게 하는 건축의 공통된 분모는 무엇인가라는 질문을 던졌다. 이것은 베니스비엔날레의 총감독인 데이비드 취퍼필드의 Common Ground란 주제에 화답하기 위한 노력이기도 했다.

Conjured Landscape, Naples

이른 새벽, 동이 틀 무렵 청소부는 지난 밤 홍청거리며 토해낸 현대 도시인들의 넋두리를 쓸어 담았다. 지난날 대지에서 하루를 시작하는―살고, 짓고, 생각하는 것이 다르지 않았던―삶의 숭고함은 인공의 빛들 아래서 파편화되고 세분화되었다. 우리에게 과연 더 많은 시간이 생겼고 윤택해졌는가? 잠을 이루지 못한 도시 속으로 개미떼들처럼 사람들은 다시 쏟아져 나온다. 과연 사람들은 자신의 집에서 나온 것일까 아니면 끝없이 도시에서 집과 길을 잃은 체 수레바퀴처럼 유동하고 있는 것일까? 60-70년대의 Tabula rasa식의 도시 계획과 기능주의에 바탕을 둔 유토피아적 도시 성장은 하이데거가 말하는 삶(dwelling)의 질을 박탈하였다. 경제성장은 매우 획일적이고, 광활하고, 사납게 한국의 도시를 잠식해 나갔다.

현재 서울의 모습을 본다면, 땅의 형국과 입지를 중요시하던 한국 전통건축의 미덕은, 전쟁과 풍파를 이겨내야 했던 한국 전통건축의 물성은, 보이지 않고 만져지지 않는 마음속에 아로새겨진 정신은 산업화로 규명되는 현대화 과정을 이겨내기에 너무나 연약했던 것으로 보인다. 극소수를 제외하고는 기능주의 유토피아는―어떠한 미덕도, 미학도, 물질에 새겨진 시간의 흔적도 함락할 수 없는―연전연승의 난공불락의 요새와 같았기 때문이다. 본인은 이러한 한국현대건축의 특이성에서 '건축을 걷다' 라는 주제어가 과연 '이미 돌아가기 힘든 목가적 삶, 즉 자연으로 돌아가려는 노스텔지어인가?' 아니면 똑같이 반복되는 '인공환경을 다르게 설명하는 또 다른 치장인가?' 가 고민하였다. '걷다' 라는 행위가 발제에서 설명하는 것처럼 그 행위 자체로 '사색, 명상, 관찰, 동경, 경탄 등의 자발적인 시간…' 갖게 되기 위해서는 오랜 시간 정신이 그러한 상태로 전이되기 위한 충분한 시

Montage 01
로마시대의 Amphitheatre가 대부분 지하에 묻힌 체 상층 부분의 아치가 현재의 지층 위에 돌출되어 그 위에 지어 진 건물의 기단부를 이루고 있다.
건물벽이 부분 붕괴 되었고 다른 건물재료로 채워졌다.

간이 주어지며 '걷다' 라는 행위가 지속되어야 하기 때문이다. 그렇다면 그것은 분명 건축적 스케일이기 보다는 도시적 스케일이어야 하며 그렇다면 주제는 '도시를 걷다' 여야 하기 때문이다.

도시적 스케일에서 발터 벤야민의 목적지 없이 산책하는 도시의 방랑자 Flaneur의 개념을 개개인이 자율성을 갖고 지식의 탐험을 하는 현대지성인의 개념으로 본다면 '걷다' 라는 행위에서 발현되는 '사색, 명상, 관찰, 동경, 경탄' 등의 정신적, 지적 활동을 설명하기에 적합할 듯하다. 하지만 본인에게는 아이러니컬하게도 이러한 경험을 준 곳은 발터 벤야민이 설명하는 것처럼 고도로 현대화된 서울과 같은 도시도 아니었으며, 그 속에 자리잡은 거대한 쇼핑몰 콤플렉스도 아니었다. 투명성과 대량생산으로 인해 많은 정보들이 널린 것은 사실이지만 그것들이 가치 있고 유용한(critical)한 정보인지는 아니면 소비심리를 부추기는 같은 이미지의 또 다른 재생산인지는 생각해 볼만한 문제다.

목적 없이 걸으며 끊임없이 새로운 정보를 발견하며 삶이 도시가 되고 도시가 그 자체가 삶이 된 곳, 그래서 내부가 외부로 노출되면서 외부가 내부화된 곳. 주어진 건축재료가 너무 무겁고 강해서 끊임없이 물질의 적층과 삽입이 반복되었던 곳, 또한 시간과 함께 필요에 따라 침식과 철거 또한 지속되어 왔던 곳. 그곳은 나폴리였다.

이 프로젝트는 본인이 나폴리에서 목적 없이 자유롭게 걸으며 채집했던 정보들, 공간적 느낌들, 경험들을 종합하고 분석하며 현대인에게는 잊혀진 공간적, 물성적 질(quality)들을 가지고 어떻게 새로운 가능성을 제시할 수 있는가 모색한다. '걷다' 라는 행위가 수학적인 계산이나 공식으로 설명되기 힘들 듯이 그리고 걸으면서 수집된 정보들의 물리적인 경계를 선으로 규명하기 힘들 듯이 이 프로젝트 역시 기억의 저편에서 마술처럼 생겨난 이미지들처럼 진행되었고 따라서 새로운 가능성은 Conjured Landscape이라고 정하였다.

프로젝트의 진행은 수집된 이미지들을 가지고 골목길과 주도로의 좁음, 지하도시와 현재의 지상층의 공존, 도시의 골목마다 떠도는 마리아 상들, 교회공간과 시장의 거리적 근접성과 유형학적 유사성 등의 비슷한 형질을 가지고 있지만 다르게 사용되는 요소들을 조합하고 병치하는 것에서 시작하였다. 이중에서 도시의 역사 속에서 끊임없이 일어나는 물질과 공간의 가감이—작은 스케일에서는 건물 벽의 작은 벽돌과 보도의 돌(paving stones)의 철거가 삽입과 제거 그리고 큰 스케일에서는 커다란 건물의 삽입과 공공 공간(광장)을 만들기 위한 철거—다양한 스케일로 공존하고 있는 것이 연구의 중심이었다.

이렇게 분석된 이미지들은 2D 드로잉, 3D 드로잉으로 융합되었고 그렇게 재조합된 태아 상태의 추상적 건축을 이질적인 새로운 대지에, 예를 들자면 한국의 어떤 곳에 새롭게 적용한 다. 제안된 도서관 안은 뚜렷한 건축의 경계 없이 시나브로 시작되고 끝난다. 그래서 도시를 걷고 있는 동안 자연스럽게 도서관 안으로 들어오게 되고 또 나가게 된다. 도시와 건축이 그리고 그곳을 점유하는 인간의 삶을 모두 하나로 묶고자 함이다.

책의 배열과 수장도 보관에 있어서 기능적이고 효율적인 것보다는 도시를 걸으며 자연스럽게 새로운 영역으로 진입하고 체험하는 것처럼 어떻게 관람자와 책이 만나는가를 우선시 하였다. 나폴리의 지하도시에서, 좁은 주도로에서, 내부화된 외부에서 그랬던 것처럼, 다양한 공간이 연결되도록 하였다. 다시 말해서 오디토리움 관중석 나무 바닥에, 인공지층 밑의 동굴공간에, 길가 옆 아케이드 공간에 그리고 창고와 같은 대공간에서 다양한 방식으로 책을 접할 수 있도록 하였다. 책을 읽는 공간 역시 일반의 도서실 유형과 함께, 좁은 개인 독서실과 건물 안으로 삽입된 인공의 지형 테라스등 교과서적 유형을 파괴할 것을 제안하였다.

Situationist로 활동했던 Constant가 제안한 New Babylon 프로젝트는 현대화를 통한 사회 변혁을 통해 새로운 인간형, Homo Ludens(창조적 인간)의 출현에 근거로 한다. 그럼으로 개인의 공간은 사라지고, 목적지 없이 걸으며 사유하는 새로운 사회와 도시를 제시한다. 여기서 제안된 시작과 끝이 없는 도서관 역시—기존의 도서관의 통제와 유형학적 다이어그램을 철저히 파괴한다는 점에서—제안된 그대로 실현되기 위해서는, Homo Ludens의 출현을 근거로 해야 할 것이다. 하지만 인간의 본성은 혁명이나 기술진보로 변혁되지 않았으며, 인간 역시 정신학적으로 사회 행동유형학적으로 더 복잡하며 예측되기 힘들다는 것을 우리는 깨닫게 되었다. 사회의 질서와 윤리를 완벽하게 개개의 자율적 판단과 도덕적 윤리에 의존하는 것은 앞으로도 더 오랜 시간을 기다려야 할 듯하다. 그러나 '건축을 걷다' 라는 주제어 아래서 Conjured Landscape은 지금까지 생존하고 진화한 나폴리라는 도시에서 배우고 새로운 가능성을 추출해 냄으로써 기능주의 유토피아와 건축에서 획일화된 현재 한국의 도시풍경을 비판하고 풍요롭고 국지적인 공간유형과 그곳에 담겨진 인간의 삶의 아름다움을 일깨우고자 한다.

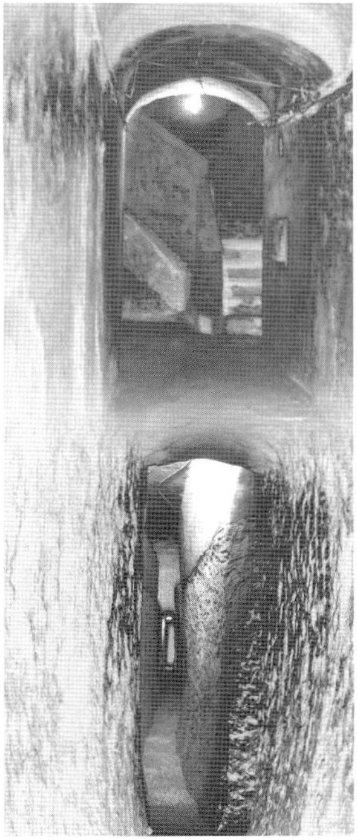

Montage 02
지하 도시의 공간과 배수로 네트워크는 복잡하게 그 위에 새워진 건물들과 연결되어 있다. 지형에 적응하며 세워진 건물의 계단 shaft는 공공의 길로 이용되며 그래서 지형과 층고, 레벨에 대한 감각을 모호하게 한다.

Montage 03
인간의 스케일은 같지만 건물의 입면을 장식하는 개구부의 스케일은 다르게 공존한다. 그것은 아마도 인간 몸이 크기보다는 인간의 정신이 담고자 하는 삶의 가치나 공동체의 결속때문일 것이다. 마리아는 도시의 큰 광장뿐만 아니라 보이지 않는 골목의 귀퉁이에도 있다.

Montage 04
지형에 순응하며 새워진 건물들은 독특한 위상적 관계를 이루며 연결된다. 이곳의 길은 개인의 앞마당처럼 매우 가정적이며(domesticated) 내부가 그대로 밖과 연결됨으로써 밖이 내부화 된다.

Montage 05

이름조차 알 수 없는 골목길의 한 켠에 마리아 상이 서있다. 마리아는 어디서 나타날지 모르며 어디서 나폴리탄을 내려보고 있는지 알 수 없다. 반면에 그래서 마리아는 소란한 시장의 한 부분에도 있다. Montage는 교회와 시장과 골목길을 하나의 공간 속에 겹쳐 놓았다.

Montage 06

S. Maria del Sette dolori 교회는 도시의 척추역할을 하는 Via Domenico Capitelli의 끝에서 도시를 내려다 보고 있다. 그 척추가 되는 길은 도시의 중요한 공공 건물들을 관통하는데 언제나 S. Maria del Sette dolori의 존재를 느낄 수 있다.

나폴리 조감도 – 개념적 재해석 01
건물은 대지라는 그릇 위에 놓인 케익처럼 독립적으로 서있는 것이 아니라 마치 도시 전체가 거대한 고체 덩어리처럼 엉켜 있다. 길과 건물의 중정은 그 고체판에서 마치 칼로 도려낸 듯 하다.

나폴리 조감도 – 개념적 재해석 02
도시의 진화와 적응 그리고 노화와 퇴화에 따른 물질의 가감은 건물벽과 보도의 벽돌과 Pebble과 같은 작은 스케일에서 그리고 건물이 허물어지고 새로운 광장이 생기고 또 건물로 채워지는 도시적 스케일에서 동시에 일어난다. 과거와 현재 그리고 작은 것과 커다란 것이 시간의 적층 속에 공존한다.

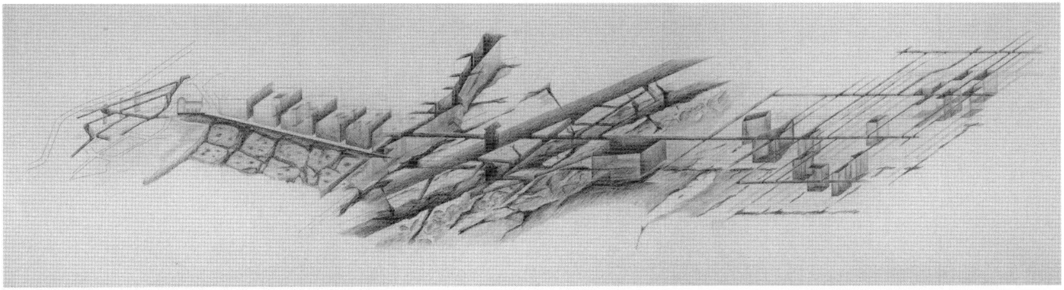

나폴리 조감도 – 개념적 재해석 03
도시는 지금도 여전히 물질의 가감이 지속되고 있으며 칼로 도려낸 듯한 고체성 위에서 생성되고 또 퇴화되고 있다.

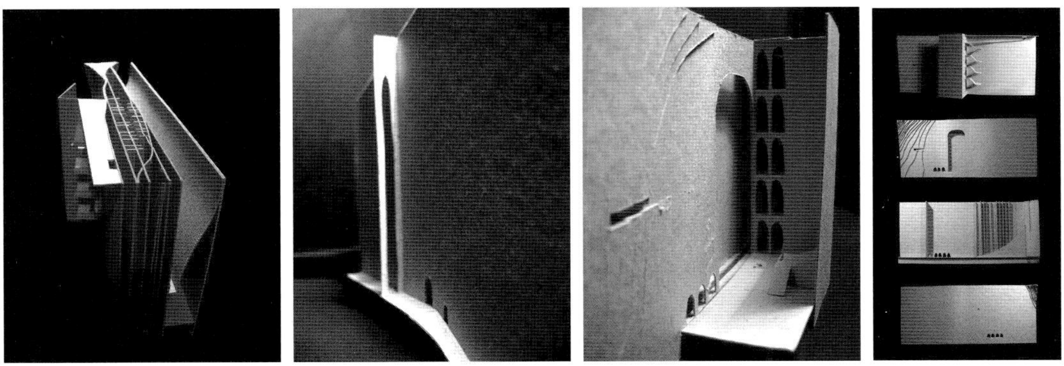

3D Drawings은 완성될 건축을 공간이나 기능을 테스트하는 모델이 아니라 본인이 나폴리를 경험하고 기억하는 위상적 공간을 기록한다. 그럼으로 시공간이 압축된 시공간의 결정체로서 새로운 건축의 씨앗(embryonic architecture)이 된다.

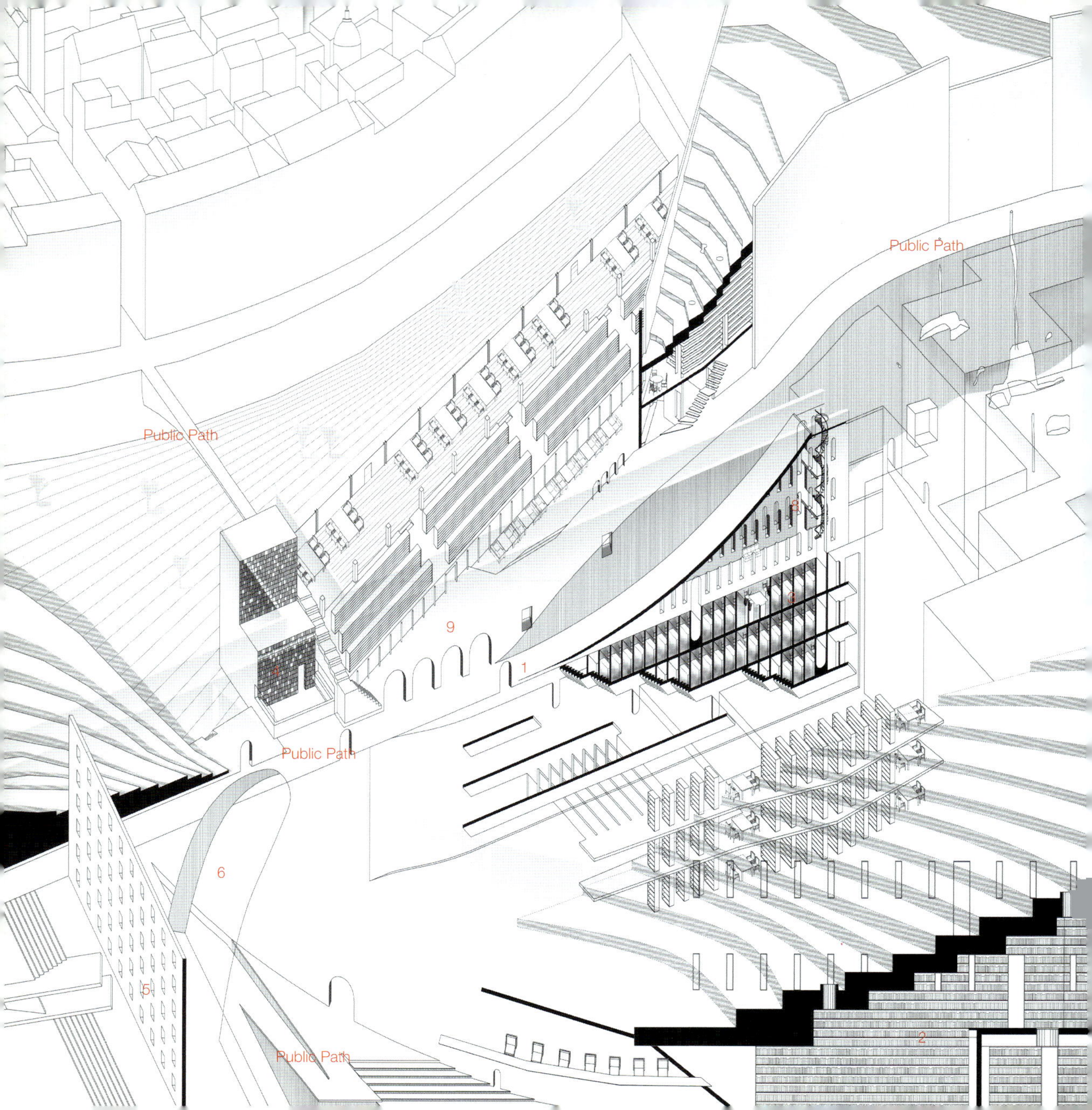
Public Path
Public Path
9
1
8
3
4
Public Path
6
5
Public Path
2

1. 도서관 복도

2. 서고

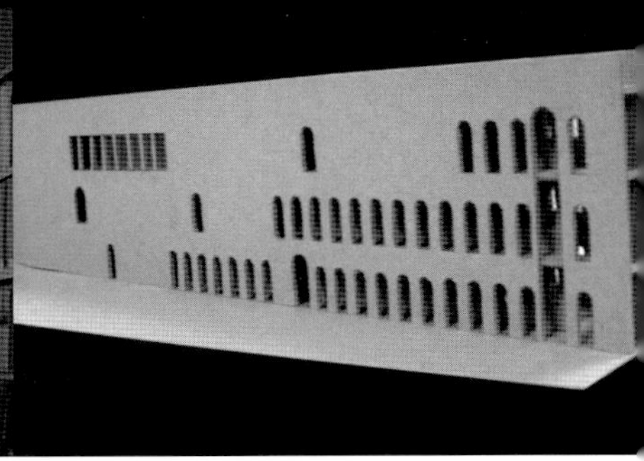

3. 개인 독서실

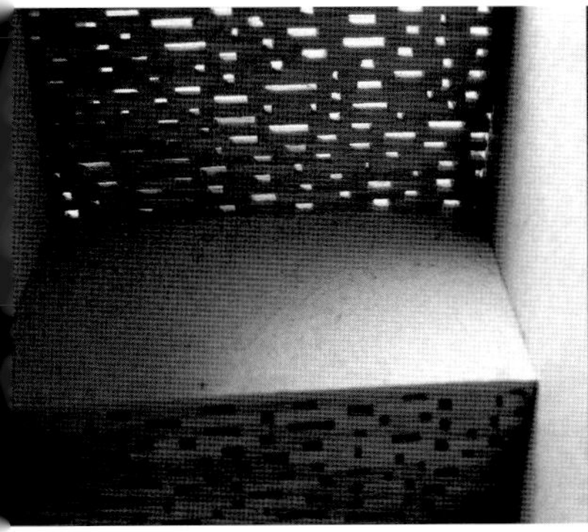

4. 중심부 - 거인의 계단

5. 서고

6. 진입부

7. 열람실, 썬큰 가든

8. 개인열람실 로비

9. 아케이드

좌측 이미지 - 공간 해부도

모형 사진
도시의 한 영역으로 분명한 물리적인 경계 없이 시나브로 시작되고 끝나는 건축을 제안한다. 도서관의 영역 안에서는 어디서나 출입이 가능하다. 도시의 목적 없이 자유롭게 걸으며 지식을 탐구하는 Flaneur처럼 도시의 블록을 지나 듯 열람객은 책장을 켜를 지나며 자유롭게 책을 읽고 빌린다.

2장. 2012 베니스 비엔날레 준비과정

배경이 되는 사유들

잠재적 차원(Virtuality)과 실재적 차원(Actuality)으로 세상을 보는 들뢰즈의 사유는 우리가 피상적으로 현상을 이해하는 것에서 벗어나 사건들의 의미를 찾고 또한 진부한 인식의 틀을 전복시키는데 매우 중요한 듯하다. 하지만 다소 기계적으로 보이는 이 사고는 인간을 거대한 에너지 순환의 매개체로 봄으로써 예술의 의미나 삶의 가치에 대하여 매우 연약하고 가벼운 존재론을 내놓는 것처럼 보인다. 나는 내가 서있는 이 땅을 버리기에는 아직 의지가 부족하다.

반면에 하이데거에서 시작하고 쥬아니 팔라스마에 논의되고 있는 현상학이나 실존주의 공간은 현실을 이미 허구로 꽉차있는 것으로 보고 '인간이 세계에 있음' '본연의 모습' 등과 같이 어떻게 삶의 의미를 땅속 깊게 뿌리내리게 하는 실존적 공간을 만들어 갈 것인가에 대해서 고민하고 있다. 여기에 놓인 토막토막의 생각들은 이 둘 사이에서 배회하며 때로는 의식적으로 그리고 무의식적으로 수집된 것이다.

현대건축에 대한 입장

어떤 건축가들은 현대 이전 르네상스 시대나 바로크 시대의 건축을 이야기하며 혹은 이집트나 그리스 시대의 건축까지 내려가서 찬란했던 문명들을 이야기하며 현대에 와서는 건축의 입지가 좁아졌고 건축가의 역할이 축소되었다고 한탄한다. 그리고 그들은 과거의 건축과 건축가의 역할을 되찾아야 할 것으로 보거나 혹은 과거의 건축에서 건축의 본질적인 면을 찾기도 한다. 이러한 태도들은 건축을 유형학적으로 본다거나 기하학을 기본으로 한 미적 대상물로 본다면 어느 정도 타당할 것이다.

그러나 현대화 과정에서 변형된 사회, 생산, 문화, 철학등, 문명사회를 이루는 요소들이 거의 전복되다시피 바뀌었다. Metropolis라고 불리는 현대의 도시들은 더 이상 물리적인 도시의 범위를 규정짓고 힘들고 방어체계를 이루던 성벽도 없다. 도시의 내부에서 위계와 질서를 이루던 기관건물들도 도시적 역할이 미약해졌다. 신으로부터 구원을 받고자 구축되었던, 종교적 이념과 신화를 이야기하던, 그리고 문명의 네트워크를 형성하던 종교건물도 그 역할이 예전 같지 않다. 그렇기 때문에 과거에 누렸던 건축의 영광은, 한 문명의 성숙의 결정체였던 건축의 위상은 더 이상 불가능한 것으로 보인다. 만약 건축가들이 과거의 방법과 같이 건축을 땅에 고착화된 오브젝트로 한정한다면 앞으로 건축가의 입지는 갈수록 좁아질 것이다.

이러한 상황에서 건축가들이 수행해 오던 일들이 다른 분야로 옮겨가기도 하는데–그것은 현대의 기능주의 건축이 버렸던 일이다.–바로 인간의 감성을 울리는 시적 공간을 만드는 일이다. 건축에서 포함되어 있던 시적 공간은 건축에서 분리되어 설치미술가들에 의해 제안되기도 하며 영화 제작자들에 의해 제안되기도 한다. 실제로 이러한 증상들은 쉽게 찾아 볼 수 있다. 일예로 Olafur Eliasson이나 Anish Kapoor와 같은 설치예술가들은 대형 공간이나 대형 오프젝트를 만들기도 하며 실제로 건축가를 고용하여 건축프로젝트를 수행하기도 한다. 중국의 국제적 예술가 아이웨이웨이 역시 건축작품을 만들고 있다. 또한 베이징 올림픽의 예술감독을 영화감독인 장예모가 맡은 것은 주지할 만한 사실이다. 시공간의 시퀀스를 만드는 일은 건축가들에게 속해 있던 것은 아닌가? 한국에선 조경가들 역시 자신들의 입지를 구축하며 건축의 영역으로 넘어오고 있다. 이들의 경우가 극소수의 예외적인 프로젝트라는 의견도 있을 수 있겠지만 본인은 시적 울림이 없는 공간을 만드는 것은 건축이 아니라 그저 건설일 뿐이라는 입장이다. 그런 면에서 건축교육을 받지 않은 이들이 시적 공간을 만들고 있는 현상은 주지할만한 사실이다.

대부분의 현대 건축가들은 자신의 디자인 철학을 발전시키고 좋은 디자인을 추구하기 보다는 시장 경쟁체제에서 살아남기 위해 경쟁하고, 살아남기 위해 주어진 설계지침을 만족시키고 설계법령을 따르는데 것에도 벅차 보인다. 더해서 최근 이슈화 되고 있는 BIM을 통한 상품과 디자인의 규격화나, 화재나 자연재해와 같은 안전문제나 에너지 문제에 관한 융통성 없는 법제화는 그리고 각종 매뉴얼의 무차별적, 비이성적 적용은 건축가들이 갈수록 창의적인 해결방법을 찾는데 제약을 더하고 있는 것으로 보인다.

대량생산, 소비문화 그리고 도시화

현대사회가 현대이전과 다른 것을 가장 적날하게 증거하는 것 중에 하나는 폭발적인 인구의 증가이다. 인구변화 그래프의 시간영역을 어떻게 설정하느냐에 따라 그 시작점을 다르게 하겠지만 수만년 동안 거의 평행선을 그리던 지구의 인구는 기원전후 상승하기 시작하더니 1700년대부터 가파르게 증가하기 시작하여 2차 세계대전 이후 1950년대에는 절벽에 가까운 수직선을 그리며 상승하고 있다. 1950년대 20억명을 조금 넘던 지구의 인구는 2050년에는 100억명을 훌쩍 넘길 것으로 예상되고 있다.

교통수단의 발달, 냉장고(에어 컨디셔너)의 발명으로 지구 반대편에서도 음식을 수송하여 도시 안에 보관할 수 있게 되었고 엘리베이터는 건물을 수직으로 상승시키며 많은 인구가 밀집된 도시가 가능하게 되었다. 현재 인류의 절반 이상이 도시에서 살고 있으며 미국은 80%가 넘는 인구가 도시에서 살고 있다. 그리고 그 도시의 모습은 인간이 알고 있던 현대 이전의 도시가 아니다.

만푸레도 타푸리가 주장하듯이 현대의 도시는 공장과 같은 확장된 거대한 생산기계이다. 길은 더 이상 보행자가 거닐 수 없을 만큼 시끄럽고 차들의 매연과 소음으로 꽉 찬 생산 컨베이어 벨트처럼 되었다. 이 속에서 인간의 삶 역시 탄생, 성장, 죽음의 일련의 과정이 가려진체 거대한 생산유통과정에 속하게 되었다. 이와 동시에 소비문화로 규정되는 이미지의 홍수 속에 현대인들은 무의식적으로 의식적으로 소비를 끝없이 강요받고 있다.

이러한 현대도시의 특징은 오랜 시간 과거와 연속성을 가지고 발전해온 온 유럽의 도시들 보다 백지장처럼 지워버리고 새로 시작하는 Tabula rasa식의 도시개발과 산업화를 추진해 온 서울과 같은 도시에서 더욱 두드러지게 드러난다. 현대 한국의 주거양식의 전형을 이루는 아파트의 예도 마찬

가지다. 어떻게 보면 아파트는 한 사람이 생산적일 때 살기 가장 편리한 거주 유형이라 말할 수 있다. 한 인간이 태어나고 자라기에 혹은 죽음에 임박하여 삶을 정리하기에 과연 아파트가 적절한 삶의 유형인가는 고민해 볼 만하다. 생산경쟁 시대에서 인간 존재의 근본적인 문제, 즉 탄생과 죽음은 생산성을 가로막는 거북스러운 일들로 보인다.

집과 마을

아파트에 산다는 것은 이일균이 "아파트키드 득구"에서 지적하듯이 심리적 · 병리적 현상을 수반하는 것 이상으로 인간의 삶이 오직 생산성에 의해 규정되는 된다는 사실에 있다. 아파트란 건물은 좁은 공간에 다량의 양질의 주거공간을 공급하기 위해 수직으로 세운 것이다. 그럼으로 희생되어 야했던 것은 이웃과의 나눔, 인생의 행복과 슬픔의 나눔, 탄생과 죽음의 순간의 나눔이다.

과거에는 이런 것들이 대개 집에서 그리고 집주변에서 이루어 졌다. 담장너머로, 골목길에서, 시장길에서, 집과 마을이란 물리적 보호막만이 아니라 삶의 과정이 기록되는 기억과 미래에 대한 기대가 새겨지는 곳이다. 그래서 집은 그 집에 사는 사람들의 영혼이 깃들어 있을 수밖에 없는 장소이다.

실존주의

현대인의 삶을 특징짓는 현상중의 하나는 소비를 부추기는 혹은 인간 존재의 근본적인 문제들을 잊게 만드는 말초적이고 파편화된 이미지들의 홍수이다. 이런 종류의 이미지들은 지속적으로 대량 생산되고 조금씩 바뀌며 새로운 이미지로 재생산됨으로써 그것을 받아들이는 사람들에게 능동적으로 이미지의 의미를 흡수하는 시간을 허락하지 않는다. 이 과정에서 사람들이 지각하고, 느끼고, 개념화하는 경험의 과정은 사라진다. 새로운 이미지들의 홍수는 대중들의 이미지 수용을 수동적으로 획일화시킨다. 이러한 문제의식은 Georg Simmel의 "The Metropolis and Mental Life", Martin Heidegger의 "Building, Dwelling, Thinking", Gaston Bachelard의 "Poetics of Space" 등의 에세이에서 제시 되었다.

이러한 상황에서 "어떻게 사람이 능동적으로 이미지를 받아들이고 시간의 흐름과 함께 다르게 음미될 수 있는 시적 이미지들을 만들 수가 있을까?"는 이 프로젝트 Ereignis의 주 관심사이다. 그리고 이 문제에 대해서 하나의 가능성을 하이데거의 존재론에서 찾았다. 하이데거는 "죽음에 향해 있음"(being-towards-death)을 통해 "빠져있음"에서 벗어나 "본래적 실존의 모습"(authentic self)을 찾고자 한다. 인간에게 탄생과 죽음은 매우 근본적인 문제이며 어느 누구도 이것에서 벗어날 수 없다. 그런데 현대의 도시는 이것을 일상의 공간에서 지워버렸다.

집은 기능성을 충족하는 공간이라기 보다 미래에 대한 기대와 추억이 새겨지는 장소이다. 그리고 그 속에서 빛나는 것은 삶의 아름다움이며 평화로움이다. 집에 사는 사람은 그 집안에 사는 것이 아니라 그 사람 자체가 집의 일부이며 또한 그 사람 역시 장소이다. 누군가 이 땅에서 나온다는 것은, 생명을 시작한다는 것은 하나의 장소가 생겨난다는 사실이고 사람이 죽는다는 것은 하나의 장소가 사라진다는 것이다. 장소는 인간의 영혼이 깃든 곳이다.

런던에서 가장 아름다운 것들 중에 하나는 공원이다. 이들 공원들은 왕립 공원이나 지방자치단체에서 운영하는 공원들도 있지만 교회와 함께 있는 공원들도 많이 있다. 교회에 있는 공원들은 대개 Graveyard들이다. 이들 공간은 때때로 폐허처럼 보이기도 하는데 이렇게 죽음과 시간 속에 사라지는 폐허의 모습은 한 공간이 완성된 이후에 사라지고 있는 과정을 드러냄으로서 인간 스스로 하여금 삶의 한시성과 불완전함을 돌이키는 계기가 된다. 이러한 폐허 속에서 사람들은 평온하게 죽음과 조우하며 때로는 저항할 수 없는 감정의 북받침에 휩싸이기도 하는 것이다. 이때 죽음의 공간은 편안함과 안녕을 준다.

본인은 현재의 획일화, 몰상식, 몰지각, 무관심의 상태를 개선하기 위한 건축적 제안으로 죽음과 탄생의 순간이 혹은 결혼의 순간까지–공장처럼 정해진 시간과 비용으로 이루어지는–도시 속에서 어떻게든 노출되며 일상의 삶과 병치될 것을 제안한다. 탄생의 순간은 산부인과에서 그리고 결혼식은 거짓된 장식으로 치장된 예식장에서 그리고 죽음은 먼 산의 공동묘지와 같은 비장소 (Non-places)에서 나와서 도시 속의 일상공간으로 나올 것을 제안한다.

영화적 건축

전통적으로 건축은 변화하는 시간에 저항하려는 움직임이었다. 대성당과 신전, 피라미드와 같은 건축물은 변하지 않는 우주, 초월적 영원성, 혹은 종교적 구원에 대한 표현이었다. 이러한 것이 현대 건축에서 더 이상 무가치하다는 것이 아니다. 개개인의 자유로운 사유와 행동이 허용되는 현대 사회에서는 절대적 가치관만을 강요하기 보다는 변화하는 세계의 모습들을 건축에 융합하고 조화시킬 필요가 있다.

장소는 고착화된 이미지가 아니라 시간의 변화와 사건에 따라 끊임없이 변화한다. 만약 변화하는 것이 없다면 그 장소에는 시간이 존재하지 않는 것과 같다. 여기서 장소는 인간의 삶과 영혼이 깃든 물리적 환경, 인간의 삶, 그리고 기억을 모두 포함한다. 이러한 변화의 과정을 담을 수 있는 것이 영상이다.

영화는 100년 이상 오래된 미디엄이고 영화와 건축의 유사성은, 특히 공간경험에 있어서 대상을 바라보는 시선과 시간에 따라 변화하는 경험자의 감성적 측면에서, 버나드 츄미나 세르게이 아이젠슈타인에 의해 언급되었지만 실제로 이 둘을 합병하려는 시도는 거의 없었다. 현재까지 노력은 영화 속의 공간을 해석하거나 버나드 츄미처럼 그래픽적으로 운동의 곡선을 표현하는 것에 그쳤다.

영화적 건축은 완성된 디자인을 효과적으로 전달하기 위한 재현의 도구도 아니고 사건들을 기록하기 위한 저장소도 아니다. 영화적 건축은—펜으로 라인을 그리며 스케치하듯이—쪼갤 수 없는 이미지의 지속적 변화를 사용하여 시공간을 디자인 하는 것이다. 그럼으로 Framing, Shooting, 그리고 Montage를 통해서 공간의 새로운 차원을 발견해 나간다. 영화적 건축의 특징은 시간을 중심으로 디자인한다는 것에 있다.

또한 이미지를 사용함으로써 대상을 재료와 환경의 물성을 그대로 보여주고 오디오를 사용함으로서 물질에 반사되는 공기의 울림을 느낄 수 있다. 지각은 시각, 촉각, 청각, 미각등으로 분리된 것이 아니다. 하나의 기관이 자극되면 다른 기관도 자극되는 연동성을 가지고 있는데 오렌지 사진을 보고 미리 침이 나오고 신맛을 느끼는 것과 비슷한 효과라고 볼 수 있다. 따라서 영상은 비록 시각과 청각에 주로 의존하지만 촉각이나 미각적 효과 까지도 획득할 수 있다.

시간이 인간의 마음속에 있는 것이라면 건축에 있어서 영상의 사용은 이미 완성된 것을 재현하는 도구이기 보다는 새로운 차원을 발견하는 경험적 도구이어야 한다. 영화적 공간의 경험을 통하여 영상은 현대건축에서 제외된 감성의 공간을 다시 불러일으키는 데 적합하다.

건축 vs Architecture

한국에서 건축이라는 말과 영어의 Architecture는 같은 뜻을 가지고 있지만 한국에서 건축이라는 말이 '집이나 성, 다리 따위의 구조물을 설계하고 만드는 일' 로 한 가지 의미를 가지고 있는데 반하여 Architecture는–한국말 '건축' 에 더해서. 좀 더 복합적인 의미를 가지고 있다.

Architecture는
– 계획하고, 설계하고, 구축하는 과정과 결과물을 모두 의미한다.
– 설계와 구축에 필요한 예술과 과학이다.
– 설계를 물리적으로 구축하는 방식과 양식이다.

여기서 방식과 양식은 인간이 어떠한 체계를 만들어 내는데 담긴 생각과 절차가 담겨있는 어떤 철학적 사유가 개입되어 있음을 의미한다. 겉보기에는 구축물을 만들어내는 것처럼 보이지만 더 깊은 곳에는 공간과 공간의 관계, 구조와 공간과의 관계, 구조물과 주변 환경과의 관계를 어떤 방식으로 체계화시키고 질서를 만들어 내는 것이 Architecture이다.

건축가의 일 01

건축가의 일은 살 집을 짓는 것이다. 여기에는 "산다"라는 다소 인간 본연의 존재론적인 물음과, "집"이라는 물리적 환경에 대한 시공간적 차원에 대한 해석이 있으며, "짓다" 구축이라는 과정 속에, 존재가 의미화 되는 사건이 있다.

건축가의 일 02

건축을 하나의 세계로 본다면
그 세계 안에 존재하는 구성요소들의 내적 속성들을 이해하고
복합성을 가지고 생동할 수 있도록 내적 질서를 만들고 체계화하는 일이다.

문제는 그 체계 속에 어떻게 시를 불어 넣느냐이다.
조밀하게 꽉 찬 체계 속에 비움으로써 채워지는 수수께끼가 필요하다.

내재된 속성(Immanent Property)

건축의 형태를 재료의 내재된 속성에서 찾고자 한 건축가는 Frei Otto이며
공간을 합리화하기 위해 사용자의 패턴을 실험한 프로젝트는 Cedric Price의 Generator Project이다.

어떤 건축가들에겐, 그들의 최후의 도전은 재료의 Self-Organization에서 나온 형태와 사용자의 Self-Organization에서 나온 공간조직이 어떻게 같은 원리 안에서 융합하느냐 하는 것이다. 나는 이것의 융합은 언제나 불완전할 수밖에 없다고 생각하는데 이유는 하나의 원리를 따르면 언제나 다른 원리가 희생되어야 해야 하는 불가분의 관계를 가졌기 때문이다.

인간이 역사 속에 만들어진 건축의 유형으로부터 그리고 건축의 기본형들의 초월성으로부터 떠나는 것은 불가능해 보인다. 내재적 속성이 중요한 것은 초월적이라 불리는 기본형들의 불완전함 때문이다. 초월성도 결국엔 물질 재료와 더불어 인간 삶의 내재적 힘들에 의해서 구현되는 것이 아닌가?

Architectonic

대 건축가 루이스 칸은 건축에 관한 많은 명언을 남겼지만 그중에서도 "모든 장식은 다른 부재들의 접합부(joint)에서 시작된다"라는 글을 보았을 때 나는 그의 혜안에 감탄하였다. 그는 누구보다 더 현대건축의 문제에 대해서 고민했던 사람이었기에 장식을 사용하지 않았다. 그가 한 것은 놀랍게도 벽과 벽이 만나는 부분을 열어두는 것이었다. 구조체에서 가장 힘을 많이 받는 부분을 열어서 빛이 들어오게 하였다. 빛이 장식을 대체하도록 한 것이다. 이러한 기법은 킴벨뮤지움과 솔크 인 스튜트에서 볼 수 있다.

그의 텍토닉 기법은 "침묵과 빛"으로 대변되는 텅빈 구조체이다. 구조체를 꽉 채운 것이 아니라 Pipe나 트러스와 같이 두께를 주어 구조체 내부에 빈 공간을 만들었다. 이것에는 현대 건축이 이전 에는 없던 전기설비를 어떻게 건축 안으로 융합할 것이냐에 대한 고민이 담겨 있다. 그는 이곳을 전기설비로 사용하였고 또한 빛을 끌어들이거나, 구조의 규칙 아래서 입면에 변화를 줌으로써 조형미로 활용하였다.

루이스 칸뿐만이 아니라 대부분의 현대건축의 대가들은 자신만의 독특한 텍토닉 원리를 가지고 있었다. 그러나 최근에는 건축가들에게 물성에 대한 이해나 어떠한 물질이 구조체나 형태로 변환되는 과정에 대한 고찰이 많이 사라졌다. 옷감 디자이너처럼 입면을 거의 패턴을 만들 듯이 하며 또는 다양한 재료를 사용하여 2D 꼴라쥬를 하듯이 입면이나 내부 디자인을 한다. 물성의 힘을 무시하는 최근의 이러한 경향은 건축의 자살행위이다.

건축가로서 공간연출의 드라마적 효과를 더하기 위해 구조체의 논리를 깨거나 인간의 지각을 왜곡하는 것은 오래전부터 있어왔던 일이다. 다만 나무는 나무로서, 돌은 돌로서, 콘크리트는 콘크리트로서 물성의 본연의 모습을 보여주어야 하는 기본 원리가 한 개인의 즉흥적 직감이나 건축이론의 구성(Composition)원리로 인해서 희생되어서는 안 될 것이다.

영화적 건축의 Architectonic

영상은 높이나, 길이, 무게와 같은 수적 '양' 보다는 '질' 로써 이들이 다이나믹하게 변화하는 에너지의 흐름이나 농도나 밀도의 강렬함 혹은 속도로 표현한다. 더해서 공기와 빛, 물, 온도와 같은 기체와 액체 같은 물질과 성질을, 예전부터 건축에 속해있었지만 그 동안 잊혀져왔던 요소들을 가지고 공간구축에 사용한다.

고체의 오브젝트, 그 자체가 목적이 아니라 그 속에서 일어나는 사건과 물질의 움직임들이 목적이다. 고체의 오브젝트는 물질이 공간 속에서 춤을 출 수 있게 사건을 유발시켜야 한다.

현대의 시공간과 사건의 문제를 보는 세 가지 틀

1. 다윈니즘(유전알고리즘)
이상세계에 대한 부정 절대적 가치의 부정
개개인의 모습과 존재에 대한 최적화 과정
다원성과 다양성의 부각
목표의식 없는 탐구과정 통한 창조적 진화
인간, 자연체계(System)의 복합성(Complexity)의 대두

2. 계몽주의
관습, 허구에서 벗어나 인간의 이성에 기초한 합리주의적 사고
인간의 자유의지의 삶
자연을 통해 종교적 가치를 대체시도
인간은 자유를 찾아 과거의 신화로부터 떠나왔으나 유토피아를 찾지 못한 체 과잉(정보의 과잉, 소비의 과잉, 생산의 과잉) 속에서 길을 잃음

3. 과학
아인슈타인의 상대성이론—시공간은 비어있거나 절대적인 것이 아니라 물질들의 운동으로 규정됨
양자역학—인과응보의 법칙은 존재하지 않음
카오스 이론—무질서 속에서 질서가 있음
엔트로피 증가의 법칙—세상 모든 것은 무질서도를 증가시키고 있음. 전통적으로 건축은 이에 반하는 의지의 사건이었음. 다시 말해서 질서를 만들고자 하는 의지였음.
현미경, 망원경 등 그리고 다른 많은 측정기계들—새로운 차원과 재료들의 가능성을 열음.

현재까지의 결과

현대사회를 이끌었던 틀들의 주요 잠재적 장점들에도 불구하고 이자를 기반으로 한 금융기관들에 의한 시장경제체제의 확장

과잉 (정보의 과잉, 소비의 과잉, 생산의 과잉)

장소의 상실

현실의 허구화

예술의 상품화

인간 삶의 기계화

과잉의 매개체인 인간의 인간성 상실

주관성 Subjectivity

우리 나라에서는 주관성을 부정적인 의미로 많이 사용한다. 예를 들어 '주관이 강하다' 라는 말이 그것이다. 이것은 '주관' 이라는 말을 '독단적' 인 말이나 '합리적이지 못한' 혹은 '이성적이지 못한' 혹은 '납득이 가지 않는' 이라는 말과 거의 동의어로 사용하고 있기 때문으로 보여진다.

개인의 능력이나 표현의 자유보다는 공동의 가치를 우선시하는 경향은 전통적 유교사상에 기반을 둔 것일 수도 있고, 급속한 경제성장 속에서 자연적으로 개인의 개성이 억압되었기 때문일 수도 있고, 식민지지배와 한국전쟁등 정신적 쇼크의 트라우마 일수도 있다.

반면에 객관적 이라는 말은 '다수가 받아들일 수 있다' , '다수가 이해할 수 있다' 혹은 ' 다수에게 이득이 돌아간다' , '다수에게 해가 가지 않는다' 라는 말과 동의어일 수도 있을 거다. 어쨌거나 이미 모든 사람들의 사유는 주관적이다. 주관의 부정은 사유의 부정이다.

주관적이라는 말은 사람들의 마음 속에 있다는 것이다. 이것에는 어떠한 독단적인 의미를 가지고 있지 않으며 근거 없는 믿음이나 억지의 뉘앙스를 포함하고 있지 않다. 참다운 주관적 삶은 사유의 깊이며 자유이다. Constant의 바빌론 프로젝트의 Homo Ludens나 발터 벤야민의 자유로운 도시의 산책자(Flaneur)는 바로 이 주관적 삶이 형성되어 있을 때이다.

'One of the symptoms of alienation in the modern age is the widespread sense of meaning lessness, Modern man' s most urgent need is to discover the reality and the value of the inner subjective world, to discover the symbolic life....The symbolic life in some form is a prerequisite for psychic health.'

현대인의 소외감의 징후들 중에 하나는 널리 퍼져있는 의미에 대한 부정이다. 현대의 가장 절실히 필요한 것은 내적 주관적 세계의 가치와 현실을 깨닫는 것이고 상징적 삶을 되찾는 것이다..... 어떤 형태에서 상징적 삶은 정신건강의 전제조건이다.

Edinger, Edward F., Ego and Archetype. Petican Books, Baltimore, 1973, pp. 107, 109 and 117

얇은 이미지와 시적 이미지
Shallow image and Poetic Image

이미지라는 말은 부정적인 의미로 많이 사용된다. 일반적으로 이미지는 어떤 의미를 갖고 있지 않는, 예쁘고 것만을 추구하는, 혹은 자극적이고 가치 없는 허상을 의미하는 경우가 대부분이다. 이러한 이미지들은 파편화된 이미지 혹은 얇은 이미지이다.

베르그손의 이미지란 말은 철학적 개념으로 사용되는데 영국의 경험론과 프랑스의 관념론의 한계를 극복하기 위해 이미지란 개념을 도입한다. 이것은 현실과 관념의 사이에 있는 것이다. 철학적으로 볼 때 끊임없이 유동하는 현실의 세계를 표현하거나 서술하는 것은 불가능한 일인데 왜냐하면 현실은 분리될 수 없는 연속체이기 때문이다. 어떠한 순간도 점으로 표현될 수 없고 과거로부터의 움직임은 미래에 향한 방향성과 (가)속력을 가지고 있기 때문이다. 그 현실의 세계를 사진을 찍듯이 스냅샷처럼 건져 올린 것이 이미지 이다. 사진 찍는 것에 비유를 하여 이미지가 사각형 종이위에 프린트된 2D이미지로 생각될 수도 있지만 철학적 의미에서 이미지는 지각이라는 프레임에 들어온 3D의 물체나 에너지이기도 하다. 현실의 세계에서 건져 올린 이미지는 아직 관념화과 되지 않았음으로 인간의 관념보다 더 많은 것을 내포하고 있다.

얇은 이미지는 상업광고나 판매상품과 같은 것이며 할리웃 영화와 같이 뚜렷한 선악구조 가지고 있거나 최근 중국영화와 같이 영웅이나 대국주의 선포하는 뚜렷한 메시지가 있다. 그래서 그 의미가 닫혀있다고 볼 수 있다. 그럼으로 관람자는 그 의미를 수동적을 받아들여야만 하는 위치에 있다. 오직 구매 욕구를 부추기는 이미지이며, 삶의 방식을 강압하고 정치적 메시지를 전파하는 모든 이미지들이다.

반면에 시적 이미지는 그 이미지를 받아들이는 사람이 스스로 그 능동적으로 이미지의 의미를 흡수할 수 있다. 시간의 흐름을 통해 그 이미지를 여러 번 곱씹어 볼 수 있다. 시적 이미지는 처음에 보지 못했던 의미가 시간이 지남에 따라 자연스럽게 새로운 의미를 드러내기도 하며, 다중적 의미를 가지며 시적 울림을 만들어 낸다.

There are images that deliberately focus our attention to an object, and entertaining images that hypnotically dull the senses and weaken our sense of self, whereas poetic images open up streams of association and affect. Poetic images strengthen our existential sense and sensitize the boundary between ourselves and the world. These are invigorating images which emanci- pate human imagination. Poetic images are condensations of numerous experiences, percepts and ideas.

의도적으로 우리의 신경을 하나의 물건에 집중시키게 하는 이미지들이 있고, 우리 자신의 존재감을 약화시키고 최면술같이 우리의 감각을 무디게 하는 향락과 유희의 이미지들이 있다. 반면에 시적 이미지들은 정념과 연상의 물줄기를 열어 놓는다. 시적 이미지들은 우리의 실존적 감성을 강화시키고 우리 자신과 세계 사이의 경계를 예민하게 들어낸다. 이들은 활력을 불어 넣는 이미지들이며 인간의 상상력을 해방시킨다. 시적 이미지들은 헤아릴 수 없이 많은 사유와 인식과 경험들의 응집체이다.

Juhani Pallasmaa. The architecture of image_existential space in cinema, Rakennustieto Publishing Helsinki 2007.

촉각으로서의 영상

쉽게 증명되지 않는 것은 마치 없는 것처럼 무시되는 경우가 많다. 건축에서 촉각, 후각, 청각, 미각 등의 엄연히 공간을 이루는 요소임에도 불구하고 무시되어져 온 이유는 쉽게 증명하기 어렵기 때문이다.

르네상스 투시도의 발명 이후 건축은 주로 한 지점이나 선택된 특정지점들에서 보여지는 시각에 의존하여 왔고 최근에 컴퓨터의 발달로 이러한 경향은 더욱 심화되었다. 특히 포토숍과 렌더링 소프트웨어의 발달은 실제와는 다른 과도한 안개 효과나 또는 기계부품과 같은 메탈릭한 표현이나 아니면 물성을 무시한 Blob을 이용한 표면 디자인이 주를 이루게 되었다. 현재까지의 상황만 본다면 컴퓨터의 발달은 실제의 상황을 더 정확하게 표현하는 대신에 더 왜곡시키는 방향으로 진행되고 있다.

실사로 찍힌 Image를 사용하는 비디오를 사용하면서 얻는 장점은 이들 감각들을 실제적으로 들어내고 소통할 수 있다는 것이다. 왜냐하면 실사로 찍힌 image는 물성의 효과를 삭제하고 백지면 위에 선(line)으로 추상화하는 대신에 물성 자체를 그대로 들어내기 때문이다.

영상은 물성을 그대로 표현하는 image와 청각을 사용함으로써 화면은 촉각적 효과도 전달할 수 있다. 시각이나 청각은 그 자체로 독립된 것이 아니라 다른 지각과 함께 연동한다. 인간이 진화하기 이전에 동물이 눈을 갖기 이전에는 모든 것이 촉각에 의해서 이루어졌다. 그럼으로 촉각을 보완하기 위하여 미각, 후각, 시각등이 발달한 것이라고 볼 수도 있다. 본다는 행위 자체는 결국에 '만지다' 는 '음미하고 싶다' 라는 욕구를 잠재하고 있다. 물성의 특질로 전달되는 촉각은 소통되기는 힘들 다 하더라도 비례나 형태와 같은 시각적 요소만큼 중요하다. 발터 벤야민은 영화와 건축은 촉각적 예술이라고 했다.

세 가지 물질화의 규율

Three disciplines in materialization

장인이 작품을 만들어 가는데 있어서 어떤 질료를 이해하고 선택하고 사용하는 것과 같이 물질에 대한 감각적이고 직감적 기술을 숙련한다.

물질을 형태에 혹은 관념에 종속된 것으로 보지 않고 물질자체가 가지는 형태적, 구조적, 표면적, 감각적 측면을 창작의 핵심요소로 본다.

물질 그 자체와 그것이 속한 물리적 환경이 가지는 창조적 힘을 믿는다.

새로운 현실제안 / New Reality Proposal

들뢰즈에 의하면 현실(Reality)은 인식되지 않고 존재하는 잠재성(Virtuality)과 우리가 인식하고 살아가는 실재성(Actuality)으로 이루어져 있다.

새로운 현실제안은 실재에서 일어났던 사건들에 대하여 눈에 보이지 않는 증거들과 의미들을 찾아내어－잠재되어 있는 수수께끼의 구조들을 찾아내어－현실에 대한 피상적인 인식이 아니라 도시를 살아가는 사람들 스스로가 자발적으로 담론을 끌어내는 것을 목표로 한다.

J. G. Ballard가 주장하듯이 파편화된 이미지가 넘치는 현대사회는 이미 현실(Reality)보다는 허구(fiction)에 가깝다. 그래서 예술가가 해야 할 일은 현실을 통해 허구의 드라마를 만드는 것이 아니라 허구를 통해 현실(Reality)을 회복하는 것에 있다.

Tonality

루이스 칸은 공간이 Tonality를 가지고 있으며 자신은 디자인을 할 때 작곡가와 같다고 말했다. 천장고의 높고 낮음에서 생겨나는 발자국 소리의 울림, 건축표면의 질감에서 생겨나는 사람들의 이야기 소리의 울림, 빛의 강약과 그림자들에서 생겨나는 빛의 구성 등이 루이스 칸이 말하는 공간에서 말하는 Tonality일 것이다.

나는 이러한 Tonality가 도시 속에도 존재해야 된다고 생각한다. 오래된 지역과 새롭게 단장된 지역, 공원과 공공장소, 큰 길과 작은 길, 큰 건물과 작은 건물, 투명한 것과 불투명한 것, 반짝이는 것과 무광인 것 그리고 심지어 구축의 현장과 철거의 현장까지 다양한 소리들이 어우러진 화음으로 도시 속에서 나타나야 된다. 그리고 그것은 거대 마스터플랜으로 토목공사처럼 이루어지는 것이 아니라 시간의 흐름 속에서 이루어져야 한다. 60-70년부터 지속되어온 성장위주의 정책을 멈추고 이제 도시 속에 필요한 것은 가질 수 없는 유토피아에 대한 청사진이 아니라 또는 Eco의 탈을 덮어 쓴 대규모 인공공원이 아니라 도시 속에 어떻게 산책과 명상이 가능한 폐허를 만들어 가느냐 혹은 새로운 보석들을 만들어 가느냐에 있다. 혹은 자연 그대로의 모습을 어떻게 그대로 지켜내느냐에 있다. 장소의 혼을 일깨우는 일이어야 한다. 현재까지의 서울을 규정짓는 싹 밀어 버리고 새로 짓는 Tabula Lasa식의 도시개발이나, 회복이라는 탈을 쓴 인공구조물이나 공간은 더 이상은 지양되어야 할 것이다.

도시에서 기능적인 면을 제거하고 생각하는 이러한 접근태도로 얻어지는 것은 단지 음색을 갖춘 도시의 패턴만을 아닐 것이다. 반대로 이미 우리는 '형태가 기능을 따른다' 는 현대건축의 모토의 실패를 증인한 바 있다.

샤르트르(Chartres) 성당

extracted from Civilisation: The Great Thaw-Kenneth Clark

“The year 1144 we are told, when the towers seemed to be rising as if by magic, the faith- ful harnessed themselves to the carts which were bringing stone, and dragged them from the quarry to the cathedral. The enthusiasm spread throughout France. Men and women came from far away, carrying heavy burdens of provisions for the workmen - wine, oil, corn. Amongst them were lords and ladies, pulling carts with the rest. There was perfect discipline and a most profound silence. All hearts were united and each man forgave his enemies.”

“1144년 이라고 합니다. 성당의 첨탑이 신비하게 상승하고 있는 것처럼 보였을 때, 충실한 신앙인들은 채석장에서 성당으로 수레에 돌을 담아 온몸으로 끌었습니다. 성당을 짓기 위한 열정은 프랑스 전역으로 퍼졌습니다. 오지에서부터 사람들은 현장의 일군들에게 와인과 오일, 옥수수 등과 같은 생필품을 나눠주기 위해 어깨에 짐을 가득 메고 찾아왔습니다. 그들 중에는 귀족이나 귀부인도 있었고 그들은 다른 사람들과 함께 수레를 밀었습니다. 그곳에는 완벽한 규율과 가장 깊은 고요함이 있었습니다. 모든 사람들의 마음은 화합하였고 자신의 적을 용서하였습니다.”

858년 샤르트르 성당은 노르만(Normans)에 의해 불탔고 잿더미 속에서 성모가 그리스도를 낳을 때 입었다는 옷 조각이 온전히 보관되었을 때 사람들은 더 크고 웅장하게 성당을 지으라는 신의 계시로 받아들였다고 한다.

Kenneth Clark이 묘사했듯이 건축을 짓는 과정은 그 건물의 설계자나 짓는 사람만의 문제가 아니라 과장 위대하고 기적적인 과정(사건)이 될 수 있다. 건축을 지음으로서 삶의 규율을 만들고 마음의 깊고 고요한 평화를 얻게 된다. 건축을 지음으로 이웃과 화합하게 되고 자신의 적을 용서하게 된다. 이 말은 진실로 우리가 건축이란 행위를 통해서 다시 찾아야 할 가치를 환기시키고 있다. 구축의 순간에 그것을 구축하는 인간의 존재가치도 상승해야 진정한 건축이라 부를 수 있다.

집의 상실과 생산기계

우리는 외부의 물리적 환경으로 인간의 삶을 보호하는 물리적인 구축물로써의 집(shelter)과 가족이 있고 사랑을 나누고 꿈을 키워 가는 그리고 마음의 안식처인 집(home)을 같은 단어 '집' 으로 쓴다. 전통적으로 이 둘의 의미는 같았다고 볼 수 있다. 하지만 현대가 되면서, 우리의 삶이 시간을 쪼개가며 써야할 만큼 바빠지고 경쟁사회가 되면서 때로는 이 둘의 의미가 같지 않게 되었다.

만푸레도 타푸리가 얘기했듯이 현대도시는 인간이 삶의 가치를 높이고 문화를 향유하는 공동체적 개념이라기 보다는 생산의 효율을 극대화하는 거대한 생산기계이다. 현대인의 삶은 대개 이 거대한 생산기계 안의 소모품으로서 자신들의 Spec을 쌓으며 스스로 가격표를 붙이고 있는 것이다.

자궁공간 I

먹지 않아도 배불렀던 공간
숨 쉬지 않고도 숨 쉴 수 있는 공간
아무 것도 입지 않아도 따뜻했던 공간

멀리서 들리는 소리
멀리서 들리는 냄새

내가 나 이기 이전에 떠나야 했던 공간

기억할 수 없는 공간
그래서 그리움만 있는 공간
오직 떠난 자만이 있는 공간
아무도 돌아갈 수 없는 공간

자궁공간 II

사랑은 왜 부드러움 감촉이 아닌
격렬한 마찰로 불이 되어 타버리려고 하는가?
그 뜨거운 열기가 공기 중으로
육체를 상승시킬 때
정액은 가벼워진 육체를 떠나
비상을 시작한다.
그 비행의 끝은 자궁이라는 저수조

자궁공간은 불, 물, 흙과 공기로 이루어지며
시간의 지속 속에서 새겨지는 장소이다.
불, 물, 흙과 공기를 느낄 수 있는 공간이다.

모든 생명은 불, 물, 흙과 공기를 통해 태어난다.
그래서 그들의 상승과 하강의 움직임 속에
나라는 존재의 상승과 하강에 대한 끝없는 정념에 사로잡히는 건
우연이 아닐 것이다.

건축에서 자궁공간은 근본적으로 탄생과 죽음의 공간이며
그 곳에서 빛나는 것은 삶과 그것을 가꾸는 영혼 아름다움이어야 한다.

자궁공간 III

장소의 이미지는 안정과 영속의 이미지이다. 이-푸 투안(1995), 『공간과 장소』 도서출판 대윤 pp54

모든 유아는 어머니를 가장 편안하게 느낀다.
그래서 어머니는 유아가 인식하는 첫 번째 장소이다.

어머니가 가진 자궁공간은 그래서
어둠이나 고요와 혹은 색채와 같은 공간적 분위기로 특징지워지기보다는
하나의 장소성으로 해석되어야 할 것이다.

아무도 돌아갈 수 없는 이 장소를
건축가가 만들고자 하는 건
신의 전능함에 도전하는 무모함이거나
싸구려 은유에 지나지 않는 수사학일 수도 있다.

그럼에도 건축가가 자공공간을 만들고자 한다면
신이 허락한 인간의 정신능력에 의해
우리는 잠시나마 예술혼이 담겨진 대상들로부터
그것을 느끼고 꿈꿀 수 있기 때문이다.

여전히 인간은 온종일 미지의 세계로의 탐험을 마치고 돌아와 쉴 수 있는,
두 다리 쭉 피고 편안하게 기댈 수 있는 편안함의 장소를 찾고 있다.

자궁공간 IV

사랑하는 자만이 들어갈 수 있는 공간
사랑하는 자만이 만들 수 있는 공간
사랑으로 만들어지는 공간

자궁공간 V

내가 존재하기 이전의 기억들이
어둠 속에 잠자고 있는 공간

기억들이 세포분열을 이루며
수많은 관계의 뿌리들을 내리는 공간

기관과 신체들이
하나의 질서를 이루기 위해 조직화되는 공간

Sinkhole (용산 미군기지)

내 몸의 정 가운데 배꼽 위
해가 뜨나지나
구멍이 하나 뚫려있네

어린 여자아이 그곳으로 들어갔다
나오질 안네
혹시나 다시 나오려나
비오는 날 문 앞에서
우산을 들고 기다리기도 했었네
먹구름 짖게 깔려
그 너머에 무지개가 있는지
암연이 있는지 알 수 없네

150년 동안
내 안에 있지만 내가 아닌 곳
내 것이지만 나도 모르는 곳

건축가가 말하는 걸 듣네
고급고층빌딩으로 채워볼까?
생태잔디밭으로 깔아볼까?

그래서 나는 이렇게
또 다른 세상을 꿈꾸네
멀리멀리 그들의 시간이 닿지 않는 곳으로

도로

현대의 대도시는 물류의 이동, 사람의 이동을 극대화하기 위해 거대한 도로로 이루어진다. 빠른 시간에 최대한 멀리까지 물류를 유통할 수 있는 능력이 도시의 경쟁력이 되었다. 이러한 도시의 시발점은 뉴욕에서 시작되었다고 볼 수 있는데 격자 구조의 도로시스템이 특징적이다. 그리고 직사각형의 고립된 땅위에 고층 건물이 들어서게 되었다. 도시가 격자화되면서 건축은 도시에 대한 책임으로부터 자유롭게 되었다. (물론 우리는 로마제국의 격자구조 도시 계획을 알고 있다. 그러나 로마의 도로는 여전히 보행자에게 점유될 수 있는 크기였고 도시의 심장공간(광장, 포럼)이 있었다.) 건축이 도시의 공간구조를 만드는데 참여하는 것이 아니라 고립된 땅위에서 독립된 오브젝트로 들어서기 시작했다. 그리고 고층건물로 들어서는 이 오브젝트의 외관은 문화적, 전통적 혹은 장소의 정체성 보다는 상업적 목적이나 스타건축가의 아이콘(Icon)으로 혹은 정치기관이나 기업과 같은 거대 기관들의 아이콘이 되었다. 건물은 이제 잘 팔리는 것이어야 한다.

지금까지 도시를 재생시키려고 했던 건축적 담론이 연전연패할 수 없었던 이유는 당연하다. 의식적이던 의식적이지 못하던 시장자본주의 경쟁사회에서 이미 건축은 도시의 책임을 벗어 던졌고 이것을 자각하지 못한 몇몇 건축가들은 과거의 역사적 사실에서 건축 본연의 역할을 찾고 이것을 교육 시키려 했지만 경제의 논리 아래서 다시 말해서 건축이 만들어지는 근본적이 원천이 바뀌 버린 상태에서 건축가는 자본의 논리에 무릎을 꿇고 오브젝트를 만들기에 열중할 수박에 없는 구조가 되어 버렸다. 성장이 급한 자본가나 정치가에게는 도시적 책임은—공공공간에 대한 책임은—무거운 짐이 될 수박에 없다.

공간과 장소

실존주의자들에 의하면 장소란 것은 인간의 삶이 담기는 곳이다. 탄생과 성장 그리고 성숙과 죽음이 새겨지는 곳이다. 그래서 장소란 곳에는 장소의 혼 혹은 인간이 영혼이 담긴다. 현대 도시와 건축의 가장 큰 문제는 이 장소가 사라지고 있음에 있다.

그들에게 공간이라는 것은 인간의 삶보다는 기능성과 관련된 개념이다. 공간, 비어있음. 그래서 무언가가 그 빈 공간을 채우기를 기다리고 있다. 인간의 거주공간은 고층건물로 수직으로 상승하면서 더 많은 기능공간을 제공하고 있다.

만약 하나의 공간이 고딕성당처럼 비물질화된 빛으로 충만 되더라도 그곳에 영혼이 새겨지지 않는다면 그것은 시선을 끌기 위한 술책(Gimmick)에 지나지 않는다.

Mental Space (마음속에 공간)

경험은 감정과 사유 모두를 포함하며 지각, 인식, 관념화의 과정을 겪는 인간의 지적활동이다. 건축이나 영화나 지속적이고 강렬한 시공간의 사건을 만들어 이 경험을 강화시킨다. 건축과 영화의 공통점은 시간이 지나도 오랜 시간남아서 진동하는 마음속에 공간(mental space)을 만든 다는 것에 있다.

Being-in-the-world (세상에 존재하고 있음)

쥬아니 팔라스마는 "이미지의 건축_영화에서의 실존공간" 에서 건물과 도시의 정신적 역할을 우리가 "세상에 존재하고 있음" 을 일깨우는 것이라고 했다. 존재하고 있다는 것은 그냥 존재하고 있다는 사실, 즉 존재자체와는 다르다. 그리고 인간으로 만약 정해진 규율과 주어진 업무만 따라 간다면 그의 존재는 기계와 다를 바가 없다. 인간으로서 존재하고 있다는 것은 인간의 정신능력이 능동적으로 인간의 지각활동과 함께 온몸으로 세상을 경험하고 있을 때이다.

건축전시회와 설계지침(Brief)이 없는 디자인

어떤 건축가가 건축전시회에 임하며 그에게 완공된 건물이 있다면 그 건물의 사진이나 모형 도면 등으로 건물 안에서의 실제적 경험을 최대한 가깝게 전달하려고 노력할 지도 모르겠다.

하지만 완공된 본인의 작품이 하나도 없는 어느 젊은 건축가가 국제적인 건축전시회에 참여하게 되었다면 무엇을 전시해야 하겠는가? 설계지침(Brief)을 혼자서 만들어서 혼자서 디자인을 해야 할까? 아니면 현란하고 화려한 건축의 양식을 보여줌으로써 잠재적 건축주를 유혹해야 할까?

설계지침이 없는 건축설계는 결국에 하나의 예술작품이다. 그래서 그 예술작품이 집중해야 하는 것은 구축성이나 예산과 같은 현실적인 문제보다는 건축가가 관람자와 소통하고 싶은 메시지인 것이어야 하지 않을까?

그것이 이해하기 어렵다거나 쉽다의 문제는 부차적인 문제다. 나는 살아오면서 단번에 이해할 수 없었던 것을 시간에 걸쳐 곱씹으며 이해하게 된 것들이 있다.

내가 원하는 것은 작품을 통해서 어떤 감정적 동요(sensation)를 불러일으키는 것이고, 만약 그것이 성공적이라면 이해되건 되지 않건을 떠나서 그 작품은 어떤 숨은 진실성이나 삶의 가치를 내포하고 있다고 믿는다.

디자인과 설계지침(Brief)

현대도시의 복합적인 상황 속에서 더 이상 건축가가 만병통치 마스터 플랜을 제공하기는 어려워 보인다. 디자인과 설계지침(Brief)은 상하식 관계가 아니라 함께 발전되어야 한다. 건축가는 건축주나 시행사들의 설계지침을 무조건 따르기 보다는 설계지침을 함께 만들어 가는 것에 참여하는 구조가 되도록 관련건축이익단체들은 로비를 해야 한다.

건축가는 다양한 의견들을 자극하고 한곳에 응집시키는 장(field)을 제공해야 하며 Top-down과 Bottom-up을 혼용하여 – 건축주와 가능하다면 미래의 사용자들과 함께 – 건축의 설계지침(Brief)과 디자인을 동시에 진행해 가야 한다. 디자인은 설계지침에서 나오는 것이 아니라 디자인과 설계지침은 feedback 과정을 거치며 서로 상호보완의 관계를 가져야 한다.

한강 I

차를 타고 강남에서 강북으로 이동할 때 높은 건물 숲 사이로 뚫고 나와 한강으로 나오면 열린 공간으로 나오는 해방감 보다는 오히려 무차별적으로 망가지는 수변경관이 눈에 가시처럼 들어왔다. 여전히 차는 빨리 달리고 있었으며 도망치듯 차는 강북으로 들어갔다.

왜 박정희 전 대통령과 김현옥 서울시장은 이렇게 무참히도 모래톱이 많던 본연의 한강의 모습을 콘크리트로 발랐을까? 그것이 경제성장을 위한 자본금을 마련하기 위한 어쩔 수 없는 선택이었다면 그 후손들은 그것에 더해서 왜 더 훼손하고 있는 것일까? 왜 아직도 개발이라는 도그마로써만 인공물을 구축하려 하는 것일까?

지움으로써, 회복으로써, 멈춤으로써, 기다림으로써도 구축이 가능하다. 어떤 이는 그것을 회복이라고 부르겠지만 그러한 공간은 물리적으로는 회복될 지라도 마음속에서는 새롭게 구축된다. 이제 우리 도시 공간 속에 필요한 것은 100% 깨끗하게 닦인 신작로와 깔끔한 아파트가 아니라 조금의 여백과 오래됨이고 그리고 삶의 무상함을 일깨워주는 공원 속에서 산책로와 폐허들이다.

한강 II

1960년에는 한강에서 해수욕을 즐겼다고 한다. 한강에 해운대와 같이 사람이 많았다. 콘크리트로 제방을 쌓은 지금은 모래사장이 사라지고 없고 고수부지로 산책을 하거나 걷는 사람들을 많이 본다. 모두 올림픽대로나 강변북로 밑으로 어둡고 긴 터널을 지나온 사람들이다. 나는 그 시각적으로 보이는 평화로움을 마냥 즐길 수 없었다. 등 뒤로 올림픽대로의 자동차 소음이 너무 크게 들렸기 때문이고 긴 터널을 걸어서 도착한 그 시간이 매우 불편한 감정을 만들었기 때문이다.

한강 III

과거 한강의 물줄기는 지금과 같이 하나로 통제되는 것이 아니라 수많은 잔물줄기를 만들어 다양한 모래톱 공간과 늪지를 만들어 다양한 생태공간이 있었다. Tonality가 있었던 것이다. 지금의 모습은 콘크리트로 둘러싸인 거대한 배수구와 같다.

삶과 건축의 진정성에 관하여

1950년대 시작한 브루탈리스트(Brutalist) 건축운동의 대표적인 슬로건은 Truth to materials and Honesty of construction 이었다. 번역하자면 재료의 솔직성과 구축의 정직성이다. 브루탈리스트 건축의 특징은 구조로 쓰인 구조체를 그대로 내부와 외부 모두에 노출시키는 것이었다. 구조체가 건물의 마감역할까지 하도록 하였다. 이것은 2차 세계이후에 전후복구사업을 빠르게 진행하기 원하는 사회분위기와 맞아 떨어진 콘크리트에 대한 현대건축의 미적실험이 결합된 것이다. 거대한 회색 빛 콘크리트 덩어리들이 도시 한가운데 들어서면서 현대건축에 대한 반감을 불러일으키기도 했다. 그 거대한 회색빛 덩어리의 외관 때문에 비평에 시달리며 70년대를 끝으로 쇠약해지긴 했지만 재료의 솔직성과 구축의 정직성이란 구축의 철학은 우리에게 시사하는 바가 크다. 왜냐하면 이 철학은 삶이 진정성 없는 껍데기로 가득할 때 인간의 정신적 삶을 개선하기 위하여 나타났기 때문이다.

그 대표적인 예가 1800년대 초 영국에 고딕건축을 부활시킨 오거스터스 퓨진(Augustus Pugin)의 건축철학이다. 당대에 영국은 교역과 식민사업의 확장으로 귀족과 부유층이 별장을 많이 짓던 시기였다. 이 당시 영국왕의 이름이 조지였고 이 당시에 지어진 집들을 조지안 하우스라고 부른다. 이들 집들은 대부분 그리스 신전의 모습으로 겉모습이 치장되었다. 실제 구조체인 벽돌 내력벽과는 관계없이 기둥모양의 필라스터를 붙여서 마치 대리석으로 지어진 것처럼 치장하고 방문자에게 강한 인상을 남기길 원했다. 퓨진에게 조지안 하우스에 치장된 그리스 신전의 모습은 건축의 진실성과는 관계없는 껍데기에 불과했고 사람들의 허영심이었다. 이 당시는 자연과학의 발달과 함께 프랑스의 합리주의 철학과 영국의 경험주의 철학으로 종교적 가치관이 위협받고 있는 시기이기도 했다.

퓨진은 고딕건축의 부활을 통하여 종교적 가치관과 삶을 되찾고 껍데기와 허영심으로 가득한 세상을 개선하고자 했다. 그 한가운데에 구축의 철학: 재료의 솔직성과 구축의 정직성이 놓여있다. 고딕 건축은 그리스 고전주의 건축처럼 인간의 신체비례에 근거한 오더에 따르지 않고 사용되는 재료와 구조의 솔직성을 따랐다. 이것은 신의 공간을 표현하는 가장 적합한 방법이었으며, 자유로운 평면의 확장과 석공들의 조각상들은 직감적으로 혹은 장난스럽게 표현되어 건물의 외관에 포함되기도 하였다. 이들은 신의 품안에서의 자유를 표현하였다. 그럼으로 고딕건축은 대단히 수학적이면서도 낭만적인 면을 동시에 품고 있었다.—프랑스의 비올레 르 뒤크는 고딕에서 수학적 명료성과 이성을 보았으며 영국의 존 러스킨는 고딕건축에서 낭만과 자유를 보았다. 한 사람이 무엇을 어떻게 짓는가라는 구축의 행위는 그 사람의 윤리와 철학이 담겨있다. 그래서 어떻게 짓는가라는 사건 이 중요하고 건축가로서 자신만의 텍토닉을 발전시켜야 한다.

나에겐 삶의 진정성과 건축의 진정성이 다르지 않게 보여진다. 그래서 도시를 경험하며 때로는 실망하며 때로는 거대한 허영에 압도되기도 한다. 강남에 재개발된 아파트단지에 갔다. 인공폭포가 마치 자연 폭포인양 흐르고 있었다. 모 병원에 갔다. 철로 만들어진 문에도 석고보드로 세웠을 벽에도 수납창구의 틀에도 똑같은 나무패턴의 벽지로 치장되어 있었다. 모 백화점에 갔다. 엘리베이터 로비에 어떤 질서도 표상도 없이 인공대리석을 마구잡이로 붙여 놨다. 커피숍에 갔다. 랜더링 소프 트웨어로 랜더를 돌려서 디자인 했을 법한 내부 인테리어였다. 여기에 있는 모든 테이블과 의자와 소파 등의 재료들은 모두 그 소프트웨어에서 제공하는 맵핑소스에서 선택된 듯해 보였다. 다시 말 해서 나무는 나무의 고유한 속성에 의해서 선택된 것이 아니라 랜더링 소프트웨어에서 공급하는 맵핑소스로써 선택된 것이다. 다른 곳들도 대부분 마찬가지였다. 껍데기로 지어지고 디자인된 한국의 도시와 건축은 밤에 더 아름다워진다. 건축의 재료와 물성들은 인공의 조명 앞보다는 태양빛 아래서 더 진실한 자신의 모습을 드러내는데 한국의 현대건축은 대부분은 껍데기와 2D 무늬로 치장되어 있어 밤에 이러한 모습이 감춰지기 때문이다. 밤에는 인공의 조명으로 진실한 모습을 숨길 수 있다.

껍데기로 주도되는 또 다른 설계방법은 주로 조감도에 의해서 이루어지는데 그 대표적인 예는 송파구에 위치한 가든 파이브일 것이다. 이 복합단지는 청계천 복구 사업으로 철거될 중소규모 공장들이 옮겨질 아파트형 공장이었다. 그런데 공장에 들어갈 기계의 크기를 무시하고 공장 유닛을 만들어 공장기계를 들여 놓기에는 공장유닛들이 너무 작게 설계되었다. 그래서 입주하기로 계약한 공장들이 입주를 거부하였다. 정치가들이나 행정가들뿐만 아니라 건축가들 역시 가장 기본적인 것을 무시하고 조감도에서 그려진 껍데기에만 빠져 있었던 듯하다. 조감도는 과도하게 포장된 색깔로 입혀져 행복한 미래를 약속하는 것 같다. 그러나 태양빛 아래서는 그러한 빛을 있을 수 없다. 그 조감도에 나온 유려한 곡선은 실제로 지어졌을 때 얼마 못생기고 흉할 수 있는지 증거하고 있다. 가든 파이브의 입면은 마치 A4지에 그린 곡선을 수천 배 뻥튀기해서 그대로 붙여놓은 듯하다. 아름답지 않을 뿐더러 구조와 건축스킨에 대한 어떤 재해석도 없고 기술적인 도전도 없다. 건축교육을 받지 않은 사람도 감각만 있다면 그러한 곡선은 그릴 수 있을 것 같다. 구축이라는 행위가 얼마나 절망적이고 우울한 일인지 보여준다. 그리고 이곳에서 나는 삶과 건축의 진정성이란 무엇인가라고 묻게 된다.

고시원

나는 베니스 비엔날레를 준비하며 고시원을 선택했다. 나는 그곳에서 자고, 씻고, 작업했다. 옆방에 누가 사는지 알 수 없었다. 가끔씩 새벽엔 문이 꽝꽝 닫히는 소리가 들렸다. 누군가 술에 취했나 보다 생각했다. 나가보지 않았다.

평면은 ㅁ자 구조로 되어 있었는데 가운데 방들은 창문이 없었다. 창문 없는 방들은 한 달에 21만원이었다. 나는 5만원을 더 내었고 창문을 가질 수 있었다. 내 방이 있는 층은 남자들만 있었다. 샤워를 하고 나오면 가끔씩 좁은 복도에서 역시 속옷 차림의 낯선 이들과 어색한 마주침이 있었다. 그들은 인사하지 않았고 나도 인사하지 않았다.

방엔 들어오면 창문엔 조그만 에어콘이 달려 있었고 책상 밑엔 조그만 냉장고가 있었다. 냉장고 돌아가는 소리에 예민해져서 냉장고를 껐다. 에어콘 바람은 책상 앞 창문에 달려있었기 때문에 틀면 바로 얼굴에 쾌쾌한 찬바람이 닿았다. 그러나 너무 더워서 어쩔 수 없이 감내하고 에어콘을 틀어놓아야 할 경우가 더 많았다.

고시원 앞에는 거의 24시간 여는 편의점이 있었다. 언제 가더라도 한 아저씨가 가게를 지키고 있었다. 저녁시간 7-8쯤을 제외하고는 말이다. 나는 그 아저씨가 언제 잠을 자는지, 언제 쉬는지, 언제 가족과 얘기를 하는지 궁금했다.

이상(理想)도시

밤새우는 기계소리에 잠을 설치고
억겁같이 오지 않던 아침
찬 공기 한 모금을
기억에서 꺼낸 유리잔에 담았다.
사라진 임을 찾을 수 있다면
그곳에 갈 수 있을 거란 희망이
흰 가루약처럼 번졌다.

반짝이는 도시의 암연 속에서
잃어버린 시간을 건져 올린다면
바쁘게 걷는 사람들이
갓 잡아 올린 정어리 떼처럼
손을 흔들며 불러줄 것 같았다.
그렇게 그리움의 심장은
바다처럼 넘실거렸지만
아침은 슬펐으며
삶의 날개 짓은 무거웠다.

검은 하늘 아래 눈물처럼 떨어진
촛불을 들고
온몸의 뼈가 으스러지도록

낙하할 수 있기를 기도해야 한다.
폐허로 가기 이전에 이미
폐허가 되어 있어야 한다.

그렇게 거친 파도의 표면을 사납게 뚫고 들어가
중력이 사라질 때까지 바다 속으로 파고든다면
임이시여...
당신은 비로서야 미궁의 벡터와 에너지를 걷어 올리고
영롱한 빛기둥을 내려
저희를 안식의 요람으로 인도하시겠습니까

모든 건축가들은 처형되었다

황후가 사라지는 것을 목도한 건축가까지도

황제 : 어쨌든 난 이곳에서 벗어나고 싶다 도울 수 있겠는가?

젊은이 : 아니. 이곳에서는 좌표를 알 수가 없어

황제 : 건축가 누구냐? 그를 찾아 물어라

젊은이 : 이 섬은 건축가에 의해서 설계되지 않았어

기억하나? 너는 건축가를 전부 학살했었지

상관하지마

건축은 네가 건축가들을 죽이기 오래전부터 이미 죽어있었으니까 아마도 건축이 이 땅에 아직 태어나지 않았는지도 모르지

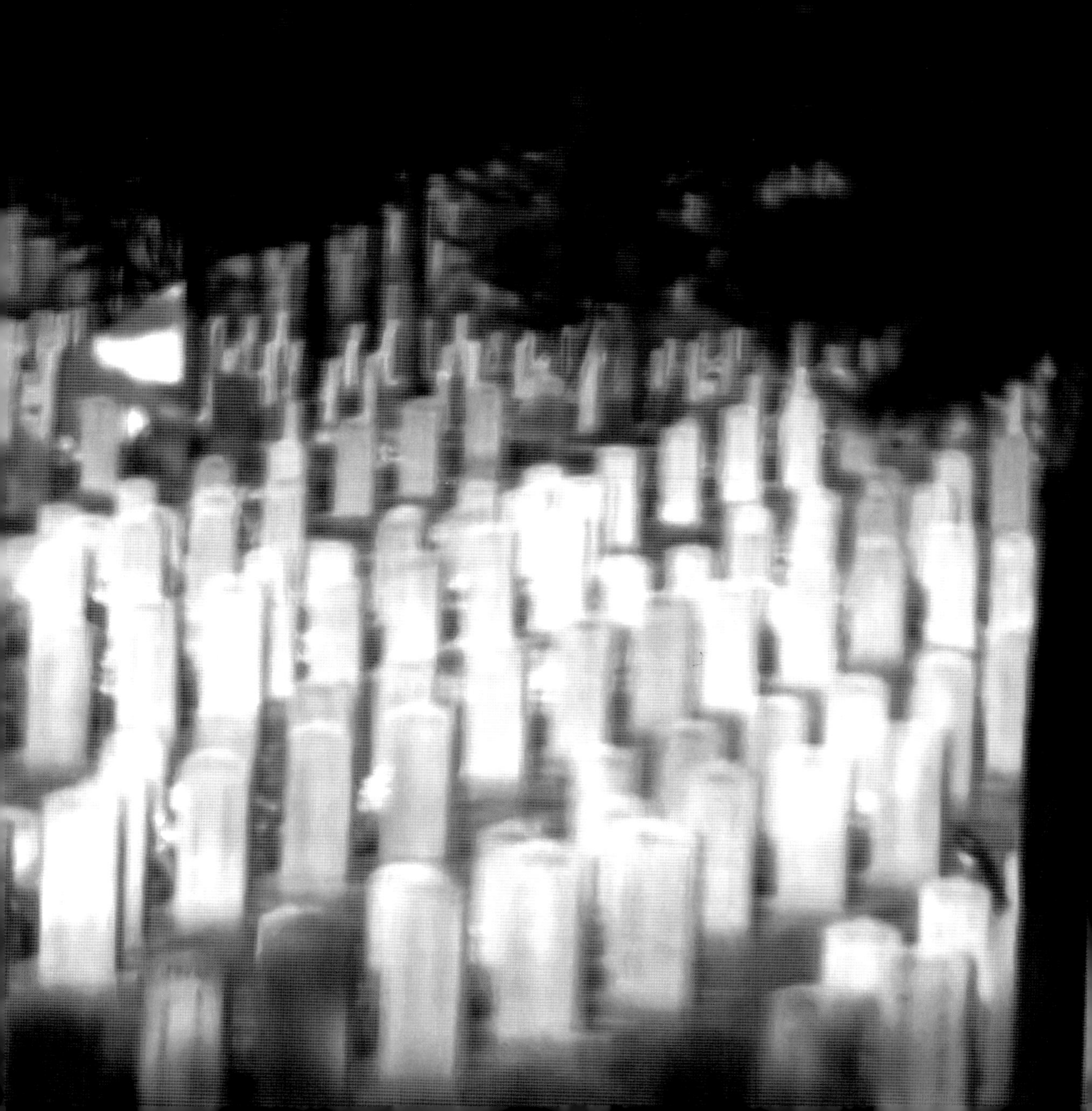

Being is not what it seems
Nor none-being
The world' s existence is not in the world

- From the Soundtrack
Sunny Kim' s Being

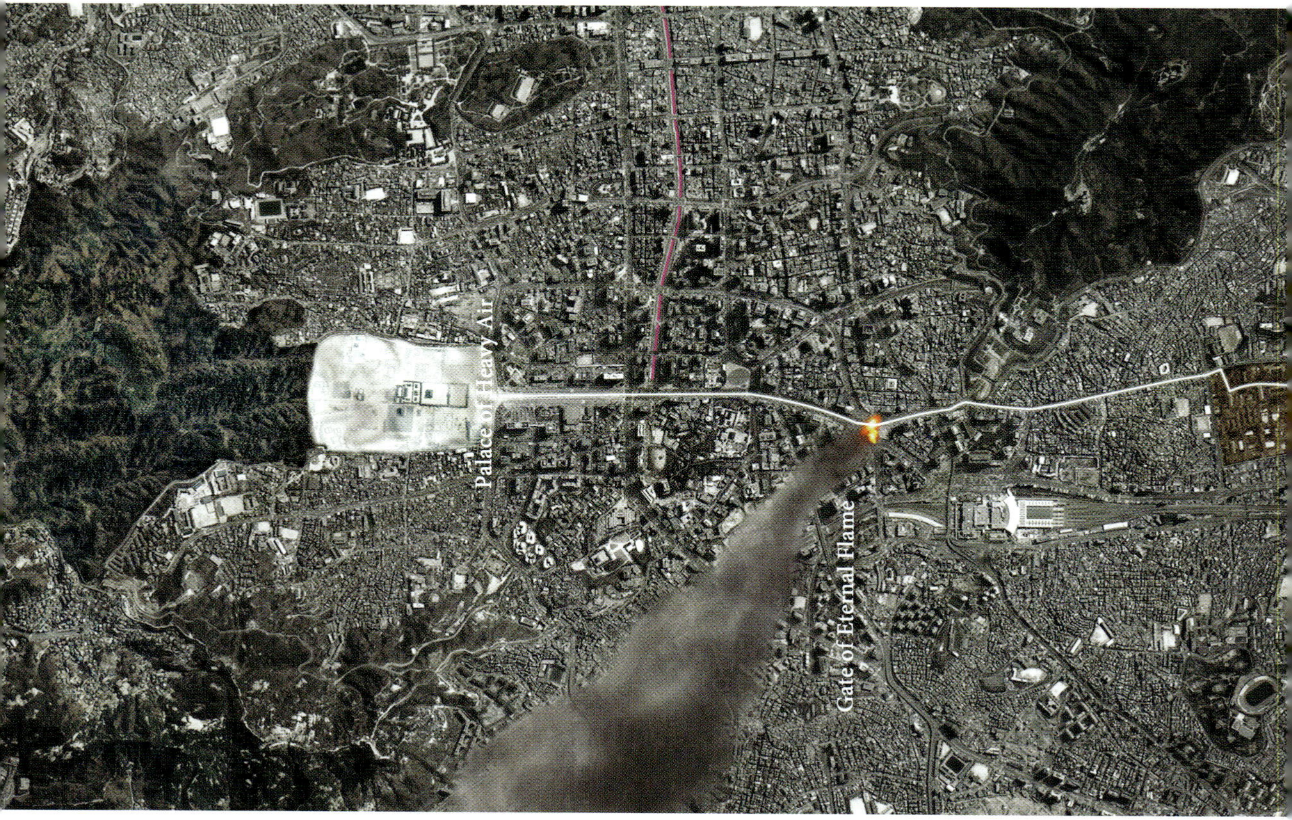
Palace of Heavy Air
Gate of Eternal Flame

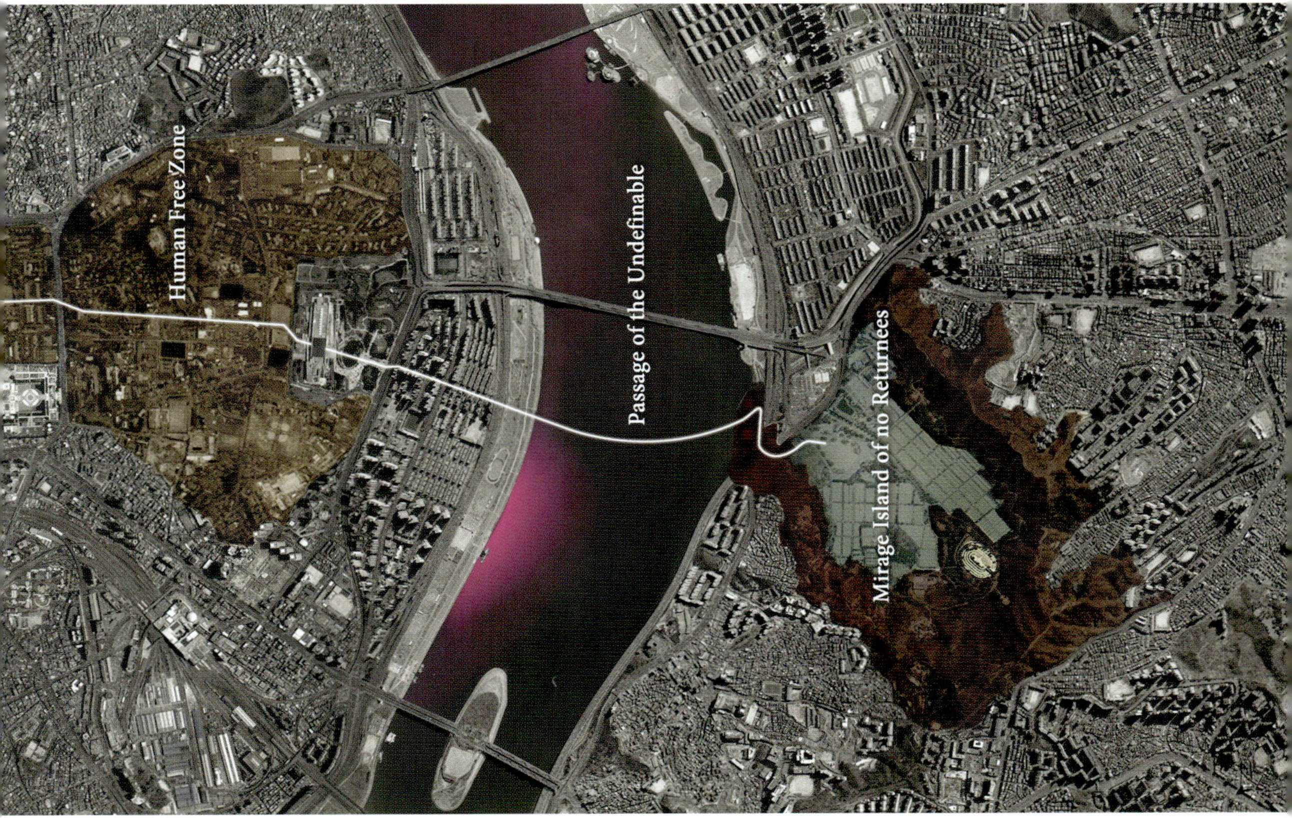
Human Free Zone
Passage of the Undefinable
Mirage Island of no Returnees

제안된 보행자 루트

3장. 2012 베니스 비엔날레 출품작

Ereignis[존재사건]

탄생의 모태공간에서 죽음의 모태공간까지

인간 존재의 가치는 하늘에서 내려 받은 절대적인 것이 아니라
시간 속에 적층되는 사건들에 의해서 발현되는 것이다.
구축은 인간의 영혼과 지성이 물질화되는 숭고한 사건이어야 한다.

Ereignis
탄생의 모태공간에서 죽음의 모태공간까지

파편화되고 표피적인 이미지의 홍수 속에 작가는 실존적 존재에 대해서 물음으로써 인간의 삶과 존재의 가치 그리고 그것의 바탕이 되는 물리적 환경에 대해서 새로운 관계정립을 하고자 한다. 이 프로젝트의 주요쟁점은 물리적 환경이 구축되고 사용되는 과정을 변화시킴으로써 그곳을 점유하고 있는 인간의 존재가치도 변화될 수 있다는 것이다. 구축의 순간에 그것을 구축하는 인간의 존재 가치도 상승해야 진정한 건축이라 부를 수 있다.

이 프로젝트는 세 개의 층위로 이루어져 있다. 첫째 작가의 개인적 체험과 기억을 바탕으로 구축된 몽상의 내러티브(narrative), 둘째 과학과 증거에 입각한 현실에 대한 즉시와 창조적 고찰, 마지막으로 새로운 사건들과 물리적 공간의 제안이다. 세 개의 층위는 이 프로젝트에서 제안된 보행자 길에서 융합된다. 경복궁에서 시작하여 국립서울현충원까지 남북축을 따라 네 개의 상징공간을 설정하고 이야기로 관계지었다. 남북축을 따라 걷는 행위는 곧 이 이야기를 체험하는 것이다. 그리고 그 관계들 속에서 한강에 의해 단절된 이 길을 자동차가 다니지 않고 문화시설과 상업시설이 들어가 있는 보행자 다리로 연결한다. 이 다리는 현충원의 운구행렬이 강북에서 시작하여 한강 수변 공간 전체에 보여질 수 있도록 제안한다.

이 프로젝트는 동영상을 이미 디자인이 완성된 작품을 재현(representation)하는 도구가 아니라 새로운 시공간의 차원을 찾고 사건을 만들어내는 디자인 발생도구로 사용하였다. 베르그송이 '창조적 진화' 에서 주장하였듯 이 프로젝트도 Duration을 통해서 새로운 건축의 다양한 차원도 열릴 것이라 믿는다.

남산에서 바라본 용산미군기지와 서울국립현충원

첫 번째 층위 - 몽상의 내러티브

몽상의 내러티브는 파편화되어 있는 서울의 장소들은 하나의 이야기로 연결하기 위해 구축되었다. 현대화 과정에서 사라진 것들, 잃어버린 것들, 바로하지 못했던 것들을, 황후라는 존재로 상징화하였고 황제는 한국성 혹은 한국의 지성인들로 함축하여 생각하였다. 황제와 황후가 사랑했던 이야기는 전혀 없고 오직 그리움만 존재한다. 결국엔 황제가 황후를 만나지 못하는데 이것은 한국의 지성이 앞으로도 한국성을 잃어버리고 사라졌던 것에서 찾을 건가? 에 대해서 묻고 본인의 생각을 은유적으로 표현한 것이다.

황제가 황후를 그리워하고 찾아가는 이야기 구조는 이탈로 칼비노(Italo Calvino)의 에세이 『보이지 않는 도시들(Invisible Cities)』에서 영감을 받았다. 탐험가인 마르코 폴로(Marco Polo)와 확장되고 있는 제국의 황제인 쿠블라이 칸(Kublai Khan)의 대화로 이루어진 이 책은 산문조의 시로 도시들을 묘사하고 있다. 각기 다른 도시들로 묘사되는 이 책 속의 도시들은 사실은 베니스 단 한 곳을 묘사한 것이다.

본인은 현대화 속에 단절되고 파편화된 장소들을 허구로서 연결하며 서울을 묘사하지만 그 허구는 현실의 경험에서 우러나온 것으로 현실문제들과 어떤 시적 울림을 만들어 내기를 희망한다.

황후가 사라졌다 그리고 황후가 가진 그 공간도 함께 사라졌다
사람들은 황후가 죽었다고 했다
그러나 그녀의 사체는 발견되지 않았다

1장
무거운 공기의 궁

건축가는 그녀가 이 복도를 달려가는 것을 목도하였다
그리고 세상에서 가장 깊은 장소를 통해서
그녀의 안마당은 야만인들에 의해 전복되었다
그녀는 이 작은 뒷동산에서 사라졌다
그 때, 공기가 너무 무거워서 아무도 그녀를 따를 수 없었다
건축가는 그 날 밤의 일과 공간과 시간에 대해서 긴 편지를 썼다
제국은 깊은 슬픔에 잠겼다
사람들의 발목엔 보이지 않는 쇠사슬이 묶였고
그들은 목적지 없이 궁 밖으로 빠져나갔다

황제는 황후가 돌아오는 것을 기다리기 위해 도시의 문으로 나갔다
그러나 그는 도시의 문을 찾을 수 없었다

2장
영원한 불꽃의 문

또 다른 도시가 황제의 도시 속에서 자라나고 있었다
같은 곳이지만
전혀 다른 사람들과 전혀 다른 삶의 방식으로…
이곳에서 사람들은 자유를 향하여
허구의 구속과 속박으로부터 해방되기로 되어 있었다
자유…
쉽게 거닐 수 없는 압도적인 크기와 공포스런 거대함 속에서의 자유
그곳에 그 자유와 땅을 교환하지 못한 한 남자가 있었고
어느 날 그는 분신했다
얼마 후 도시의 문은 그의 불과 함께 나타났고
황제는 도시의 문을 향해 달려갔다
황제는 황후가 돌아오는 길을 찾을 수 있도록
어떻게 해야 도시의 문이 사라지지 않게 잡아둘 수 있냐고 물었다
건축가는 눈을 지그시 감았다
건축가는 문을 놓치지 않는 방법이 단 한 가지 있다고 했다 그것은 꿈속이라고 했다
황제는 얼굴이 일그러졌다
건축가는 '그곳에 존재함으로써 그곳에 있지 않으며,
존재하지 않음으로써 그곳에 있으라' 라고 말하였다
'기억이 잠재된 물질이 에너지로 변형되는 지속적인 변형과정으로…'
'문을 영원한 불꽃으로 간직하라'

이번엔 황제가 눈을 지그시 감았다
그리고 '그러면 그것은 잠속에서의 꿈이 아니다' 라고 말했다
건축가는 '매 순간마다의 꿈' 이라고 대답했다

외국인 무사들의 땅의 남문 앞
황후가 외국인 무사들의 땅에 납치되어 있다는 믿음 때문에
젊은이들은 그곳으로 진입을 시도했다

3장
인간이 살지 않는 영역

황제는 황후의 그 어떤 것이라도 찾기 위해 그곳 안의 삶을 제거하라고 했다
황후를 찾기 위해 기존의 건물들은 모두 철거하라고 했다
많은 건축가들이 이번에는 꼭 자신들이 황후를 찾을 수 있을 것이라고 확언하였다
그들은 대상부지를 보기위해 가장 높은 곳으로 올라갔다
황제는 기다렸지만 아무도 황후를 찾지 못했다
심지어 건축가들이 무엇인가 숨기고 있다는 소문이 돌았다
모든 건축가들은 처형되었다
황후가 사라지는 것을 목도한 건축가까지도...
사람들은 그곳 안에 들어가기를 두려워했고
수백 년 동안 아무것도 지어지지 않았다

황제는 낯선 곳에서 잠에서 깨어났다
한 젊은이가 황제를 내려다보고 있었다

4장
돌아오지 않는 자들의 신기루 섬

황제 : 넌 누구냐? 여기는 어디이냐?
젊은이 : 걱정하지 마
젊은이 : 너는 죽은 자의 섬에 있어
황제 : 내가 어떻게 여기에 온 것이냐?
젊은이 : 너는 네가 깨닫기 이전부터 언제나 여기에 와 있었어
황제 : 무슨 말이냐?
젊은이 : 죽음은 매순간 언제나 이곳에 있어
젊은이 : 너 꿈처럼
젊은이 : 그것이 존재야 황제 : 이해할 수 없군
황제 : 어쨌든 난 이곳에서 벗어나고 싶다
황제 : 도울 수 있겠는가?
젊은이 : 아니. 이곳에서는 좌표를 알 수가 없어
황제 : 건축가 누구냐? 그를 찾아 물어라
젊은이 : 이 섬은 건축가에 의해서 설계되지 않았어
젊은이 : 기억하나? 너는 건축가를 전부 학살했었지
젊은이 : 상관하지마
젊은이 : 건축은 네가 건축가들을 죽이기 오래전부터 이미 죽어있었으니까

젊은이 : 아마도 건축이 이 땅에 아직 태어나지 않았는지도 모르지

젊은이 : 누가 알겠어. 어쨌든 죽은 자들만이 이곳에 있어

황제 : 그러면 너는 어떻게 여기 살고 있는 것이냐?

젊은이 : 그 이유는 나에겐 삶이 없기 때문이야

젊은이 : 나는 죽어 있는 체로 존재하고 있어

황제 : 네 말은 네가 죽은 자란 말이냐?

젊은이 : 응

황제 : 넌 어떻게 죽었느냐?

젊은이 : 난 황후를 보호하고 있었어

황제 : 넌 황후가 지금 어디에 있는지 안단 말이냐?

젊은이 : .....

젊은이 : 난 황후가 사라이지기 이전에 도망쳤어

젊은이 : 난 이곳에서 숨어있는 중이야

젊은이 : 넌 정말 황후를 찾고 싶어?

황제 : (고개를 끄덕인다)

젊은이 : 알지. 이곳에 누워있는 모든 자들이 황후를 보호하고 있었어

젊은이 : 이들 각자 모두가 황후를 그들의 마음속에 담고 있어

젊은이 : 이들의 목소리를 듣는다면 너는 어떤 단서를 얻게 될지도 몰라

인간이 살지 않는 영역의 남측 성벽
장애물을 건너는 횡단보도
성벽에서 강으로 이어지는 남북 축
돌아오지 않는 자들의 신기루 섬 쪽으로
장애물을 넘어서 봄
인간이 살지 않는 영역 쪽으로
장애물을 넘어서 봄
돌아오지 않는 잘들의 신기루 섬
장애물을 넘어서 봄

황제는 섬으로 가는 새로운 다리를 짓기 위해 건축설계 공모전을 열었다
그는 가격으로 평가되거나 누군가에 의해 소유되거나 파괴되지 않는 다리를 짓기 원했다
그래서 심지어 그가 죽은 뒤에도 그 다리를 건널 수 있도록…

5장
정의내릴 수 없는 것들의 길

마침내 평가단은 유명 외국작가 이름으로 작품을 선정했다
미디어는 작품성에 대해서 논의하기 보다는 그 작가의 인격과 선정과정의 근거를 전파하였다
하지만 오래지 않아 경제는 어려워지고
여론은 악화되었다
프로젝트는 어쩔 수 없이 파기되어야 했다
무거운 공기가 황제의 몸속으로 스며들었다

그는 주머니 속에서 편지 하나를 꺼냈다
그가 처형시킨 건축가에 의해서 씌여진 것이다
그는 그의 배에 그 편지를 새겼다
그는 기억에 잠겨 잠시 동안 눈을 감았다
그리고 제국을 떠났다
황제는 그림자의 입면으로 들어갔다
정의될 수 없는 것들의 그림자 속으로…
수백 년이 지났고
황제는 인생의 대부분을 방랑하며 약해지고 병들었다
그러나 그가 아직 가보지 못한 한 곳이 있었다
건축은 인간에 의해서가 아니라 오랜 시간이 지남에 따라 자연에 의해
인간이 살지 않는 영역에서 다시 태어났다
건축가 역시 이 길고 긴 기다림의 인내 속에서 다시 나타났다
섬으로의 행렬
땅이 장애물들 위로 연결
그는 그의 죽음 직전에 있었다
마침내 그는 그 섬에 두발을 올려놓았다
하지만 돌아오지 않는 자들을 만나는 대신에
그는 강 쪽으로 방향을 돌렸다
그는 그의 일생을 황후를 찾는데 보냈다라고 말했다
다시 돌아올 수 없는 잃어버린 것들
지금이 아마도 그냥 그녀를 만나야 할 시간이다

두 번째 층위 01–텍토닉(Tectonic) 개발

이 프로젝트에서는 '3장–인간이 살지 않는 영역' 에서 자연이 그 스스로를 재생시킬 것을 기다리는 제안을 제외하면 무거운 공기, 영원한 불꽃, 온도 차이에 의한 빛의 굴절, 부교(Floating Bridge) 등을 구축재료로 혹은 구축방법으로 사용한다. 실질적으로 이러한 공간을 실현시키기 위해서는 이들 재료에 대한 연구나 제어방법에 대해서 보다 심층적인 연구가 필요하겠지만 건축 전시에서 메시지 전달이 주목적인 본 프로젝트에서는 약 1m×6m 크기의 대형 모델을 만들어 실제로 어떤 공간이 가능하겠는가 시뮬레이션하는 단계에서 만족하였다. 하지만 텍토닉 개발은 건축가들에게 가장 중요한 문제 중에 하나이기에 하나의 층위로써 설정하여 영화적 건축을 통해서 만들어지는 공간이 새로운 시공간의 차원을 구축하는 것임을 강조하였다.

1장—무거운 공기의 궁

구축 재료 : 공기

공기의 시적 의미 :

모든 공기의 이미지는 본질적으로 어떤 미래를 가지고 있으며, 그것은 비상의 벡터를 갖는다.
정신적 삶은 커지려하고 위로 오르기를 원한다. 그것은 본능적으로 높은 곳을 추구한다.
—가스통 바슐라르

텍토닉 개발 :

안개발생기를 이용하여 공기의 흐름을 보이게 만들고 냉각기를 이용하여 공기를 차갑게 하여 상승하지 못하도록 억제한다. 공기의 상승은 자유로운 영혼 혹은 정신능력의 상승을 뜻하는 것에 착안하여 현대 한국인의 정신적 삶이 확장되거나 풍요로워지지 못하고 있음을 표현하였다. 차가워진 공기는 바다에서 파도가 치듯이 땅의 표면 위에서 파동을 치고 이 파동이 광화문 담장을 넘어 광장으로 깔리게 한다.

2장 – 영원한 불꽃의 문

구축 재료 : 불

불의 시적 의미 :

죽음은 불의 품속에서는 죽음이 아니다.

불은 뜨거운 공기가 되어 우리의 몸속에 들어와 새로운 생명을 낳는다.

불은 그래서 그 스스로를 태워 어미를 소멸시키면서 새로운 생명을 시작한다.

–가스통 바슐라르

텍토닉 개발 :

'영원한 불꽃의 문' 을 어떻게 실제 공간 속에 제안하는가?에 대해서 아이디어는 두 가지 방법사이에서 부유하였다. 하나는 "실제로 불이 꺼지지 않고 계속 타게 하겠는가?" 이고 다른 하나는 "매년 새로 문을 짓고 화재가 난 같은 날에 연례행사와 같이 불을 지르겠는가?" 였다.

첫 번째는 방법으로 간다면 계속 나무를 넣으며 불을 유지하는 방법이 있고 종교 건물에서와 같이 사람들이 찾아와 계속 촛불을 붙임으로서 불을 유지하는 방법이 있다. 두 번째 방법으로는 간다면 문을 디자인 할 때 필요한 구조적 요소가 어떻게 아름답게 오랜 시간동안 버티는가 보다는 어떻게 불이 타오르며 아름답고 안전하게 문이 무너질 수 있는가?로 바뀌어야 한다. 구조의 부재들이 타오르며 마치 폭파공학에서처럼 건물이 대지 안으로 무너져 내리는 것을 실험해야 한다.

결론은 두 번째 방법으로 수년간 지속되다가 한국의 문화가 성장하고 모두가 동의할 수 있는 장소성이라는 것이 그곳에 만들어졌을 때 혹은 만들어져야 할 때 과거의 복원인 아닌 그 시대를 대표하는 이상과 신념으로 그리고 기술력의 응집체로 새로운 건물을 지어야 된다는 것이다.

3장–인간이 살지 않는 영역

구축 재료 : 시간, 기다림, 자연의 힘

기다림의 시적 의미 :

기다림은 정적으로 보이지만 끊임없는 사랑을 향한 지속적인 몸부림이다.

기다림은 방관이나 방종이 아니라 매우 섬세한 대상에 대한 관심이며

오직 시간으로만 치유될 수 있는 병의 유일한 치료제이다.

텍토닉 개발 :

이곳의 제안은 기다림이다. 대상부지를 폐허가 되도록, 폐허조차도 사라질 수 있는 장시간동안 인간의 간섭을 최소화하며 보존하는 것이다. 단지, 일상의 삶속에서 고립된 땅으로 분리되지 않도록 어떻게 최소한의 간섭하며 땅이 자연의 그대로의 모습을 회복할 것인가에 대한 전략이 필요하다.

4장—돌아오지 않는 자들의 신기루 섬

구축 재료 : 빛

빛의 시적 의미 :

빛은 인간 의식의 상징이며 모든 존재의 근원이다.

빛은 공간을 만들며 인간에게 지각되는 이미지들을 영사시킨다.

텍토닉 개발 :

신기루 발생의 원리를 이용하여 인공적으로 뜨거운 공기와 찬 공기를 병치시키고 빛을 왜곡 시켰다. 신기루효과를 이용하여 빛이 직선으로 진행하여 맺히는 상과 꺾여서 생기는 상을 병치시키려 했던 시도는 죽음의 공간과 삶의 공간을 병치시키려는 의도였다. 하지만 의도대로 실제의 상과 빛이 꺾여서 생기는 상을 병치시키기는 쉽지 않았다. 이것을 위해 실험기구를 만들었는데 실제 실험에서는 이론대로 40m 거리에서 수직방향으로 4cm 빛이 꺾였다 하더라도 이것을 자연적으로 발생되는 신기루와 같이 어떤 극적효과를 주는 것은 쉽지 않았다. 대신에 뜨거운 열이 발생됨에 따라서 아지랑이 효과를 만들어 냈는데 아지랑이 효과를 건축적으로 어떻게 사용할 지는 미제로 남아있다.

5장–정의내릴 수 없는 것들의 길

구축방법 : 부교(Floating Bridge)

물의 시적 의미 :

물은 생명의 상실인 속도의 상실과 닮은 것을 느끼는 것이며, 삶과 죽음 사이의 조형적 매개자가 되는 것이다.

깊은 물속이나 먼 수평선 너머로 모습이 사라지는 것, 깊이 또는 무한과 맺어지는 것, 이러한 것들이 물의 운명에서 자신의 이미지를 보는 인간의 운명인 것이다.

–가스통 바슐라르

텍토닉 개발 :

장마 때와 갈수기의 높이차가 큰 한강에 최대한 물에 대한 접근성을 높이기 위하여 보행자 다리를 부교로 제안하기로 했다. 그리고 유람선이 지나갈 수 있도록 강북은 강변북로 위로 다리가 세워지고 한강위에서 점차 하강하면서 수표면과 가까워지는 형태다. 이 프로젝트에서는 부교에 대한 새로운 텍토닉 개발은 이루어지지 않았다. 단지 다양한 부교들의 선례를 조사하여 현재의 구성이 타당하다는 결론을 지은 뒤 디자인을 발전시켰다.

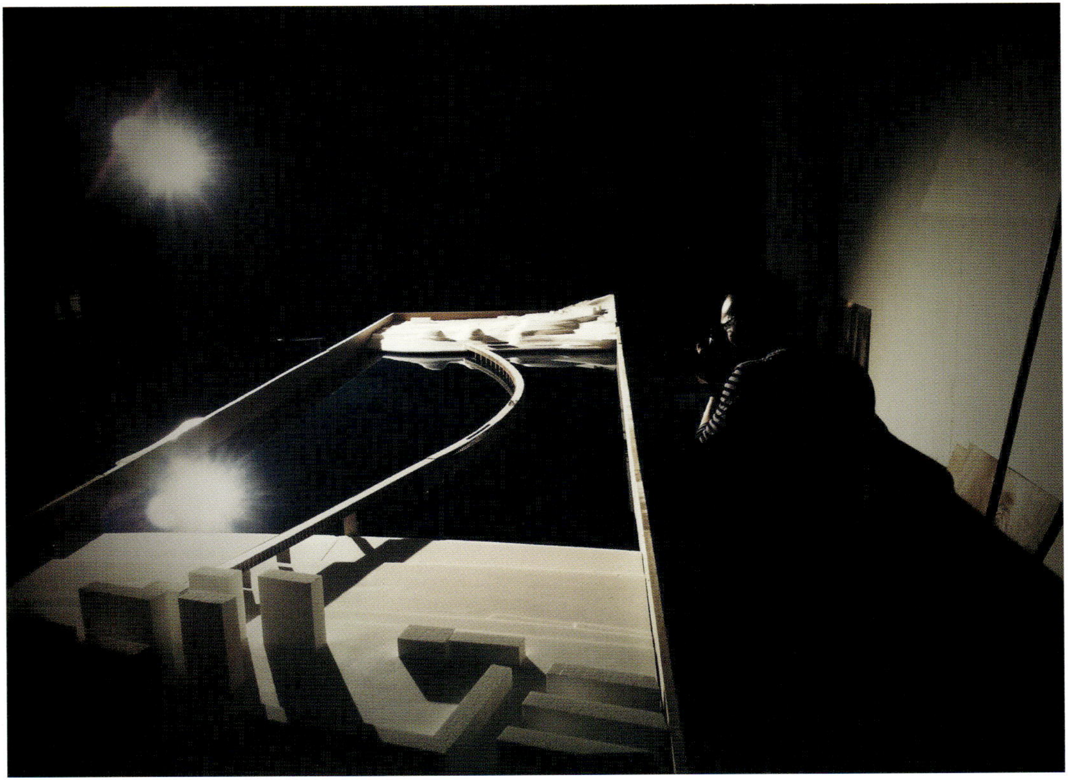

두 번째 층위 02–사건들의 사실에 대한 분석 및 해석

첫 번째 층위인 몽상의 내러티브는 사실을 바탕으로 한 몽상적 상상의 결과이다. 그러나 상상의 결과는 인터넷에 떠도는 이야기나 소문에 의존한 것이 아니라 최대한 사실에 근접한 정보들을 수 집하여 구축된 것이다. 명성황후 시해 사건에 대해서는 "미쩨르의 시기–을미사변과 아관파천" 이란 책을 읽고 저자인 동북아역사재단의 김영수 박사님과 인터뷰하였고 용산에 대해서는 서울시립대학교 서울학연구소에서 펴낸 "보이지 않는 용산–보이는 용산" 을, 아파트에 대해서는 홍익대 박해천교수님의 "콘크리트 유토피아" 와 이일균 기자의 "아파트키드 득구" 와 같은 책을 참조하였다. 그 외에 비록 이번 프로젝트에서는 제외되었지만 광장공포증에 대해서 조사를 하고 인터뷰를 진행하였다.

또한 "세 개의 인터뷰" 영상을 만들어 철학과 현재 서울의 도시에 대해서 심층적으로 다루었다. 인터뷰는 하이데거의 존재론에 대해서는 서울신학대학교의 오희천 교수님, 사건의 철학에 대해서는 경희대의 이정우 교수님 그리고 제안되는 보행자 길의 축 위의 도시 형성에 대해서는 김원식 교수님이 참여하셨다.

Deleuze
Deleuze
카프카 변신
하이데거 존재와 의미
창조적 진화
THE POETICS OF SPACE GASTON BACHELARD
Architecture and Utopia
Tafuri
공간의 시학
물과 꿈
Matter and Memory
Henri Bergson
Kwinter
Architectures of Time
장소
아파트키드 득구
물질과 기억
Narrative Architecture
NIGEL COATES
The Thinking Hand
JUHANI PALLASMAA
The Embodied Image
JUHANI PALLASMAA
QUESTIONS OF PERCEPTION
ARCHITECTURE
불안·공황장애와 공포증 상담 워크북
THE ARCHITECTURE OF IMAGE
existential space in cinema
Frampton
Studies in Tectonic Culture

세 번째 층위-새로운 사건과 시공간의 제안

이 프로젝트가 제안하는 것은 구조체가 자체가 아니라 구조체 의해서 발생되는 사건이다. 예를 들어 5장의 정의될 수 없는 길에서 제안된 다리는 그 다리의 구조체가 자체가 목적이라기보다는 다리로 인해서 발생되는 사건, 즉 다시 말해서 국립현충원으로 장례행렬을 도시 속에 노출시키는 것에 있다. 여기서 건축제안이라고 하지 않고 "사건과 시공간" 의 제안이라고 하는 것은 건축제안이 투시도로 나타나는 시각자극으로 획일화되고 억압되어 왔다는 인식 때문이고 이 프로젝트는 그것을 벗어나고 싶었기 때문이다.

다리 01 — 시간의 타원형

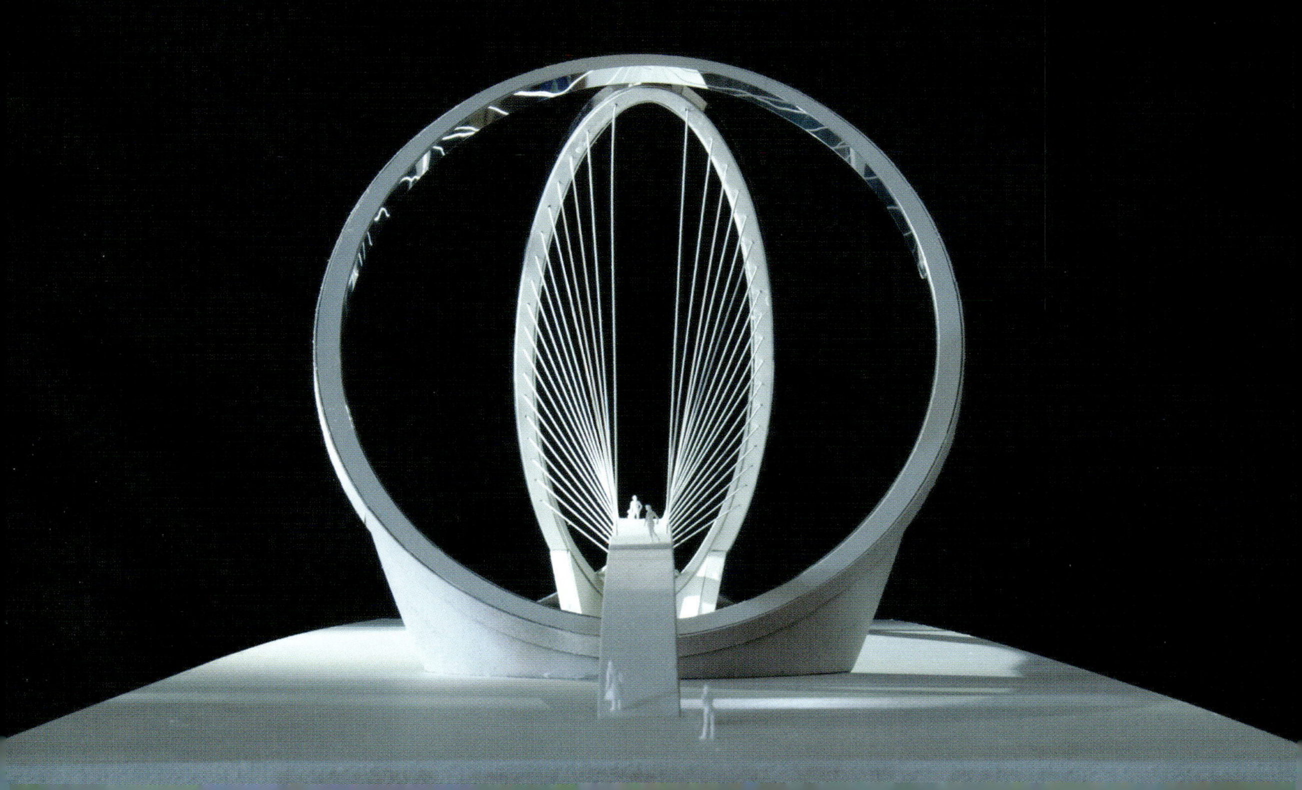

1장 무거운 공기의 궁

대지 : 경복궁 및 광화문광장

역사적 사건 : 명성황후가 1895년 10월 8일 일본인 자객들에 시해됨

제안 : 매년 10월 8일 무거운 공기가 명성황후의 시신이 버려진 녹산에서 시작하여 경복궁에 깔린다. 땅의 겸고함이 무거운 공기 밑으로 사라지게 한다. 무거운 공기는 파도를 치며 광화문 벽을 넘어 광화문 광장에도 깔린다. 연례행사로 사람들은 경복궁에서 국립현충원까지 행진할 수 있다. 총 길이는 8.5km이다.

건축적 입장 : 본 영상은 명성황후의 시해사건에서 시작한다. 비록 역사적 사실을 고증하는 식으로 직접적으로 다루어지지는 않았지만 이 프로젝트는 시해사건을 한국의 전통문화의 가치가 변형(현대화)되기 시작하는 가장 극적인 시점으로 본다.
영상에서 황후는 이 현대화 과정에서 되찾을 수 없는 잃어버린 대상들을 상징한다. 그리고 무거운 공기의 궁은 대규모 도로 등에 의해 고립되고 역사적 사건들의 흔적이 사라진 현재 경복궁의 도시적 역사적 관점에서의 위치를 묻고 있다.
만약 상승하는 공기가 가스통 바슐라르가 말하듯이 인간의 정신능력의 확장이라고 본다면 상승하는 고층빌딩들에 반하여 무거운 공기의 궁은 대비를 이룬다.

무거운 공기의 궁
매년 어떤 기간동안 경복궁을 무거운 공기로 채우기를 제안

2장 영원한 불꽃의 문

대지 : 숭례문

역사적 사건 : 2008년 2월 10일 국보 1호 숭례문이 화재에 의해 전소되었다. 복원작업이 진행되고 있고 2013년 초에 일반에게 다시 열릴 계획이다. 화재범은 자신이 아파트 개발업자에게 자신 소유의 땅을 부당하게 빼앗겼고 아마도 자신의 말을 들어주지 않았기 때문에 숭례문에 불을 질렀다고 말했다.

제안 : 문을 영원히 불꽃으로 간직하라. 매년 문을 새로 짓고 같은 날 2월 10일 불을 질러라. 그래서 고립된 오브젝트로 남아있기 보다는 물질이 끝없이 에너지화 되는 모습으로 남겨두어라.

건축적 입장 : 비록 복원작업이 진행되고 있지만 충분한 역사적 고증 없이 그리고 대목수의 개인적 의견 때문에 졸속으로 진행되고 있다는 지적이 있다. 혹시라도 현재의 복원이라는 작업은 우리의 과실을 가장 쉬운 방법으로 잊어버리고 덮어버리기 위한 방법은 아닐까? 본인은 '덮어버리기' 혹은 '잊어버리기' 와 같은 이러한 현재의 태도가 우리의 삶의 가치와 방식을 뒤흔들고 있다고 생각한다. 왜냐하면 복원된 물질 자체가 우리의 정신 속에 남겨진 상처를 치유할 수는 없기 때문이다.

이 프로젝트는 숭례문이 우리의 세계 속에서 사라지고 있는 그 모습 그대로 유지하기를 제안한다. 다시 말해서 영원한 불꽃으로 남겨두는 것이다.

영원한 불꽃의 문
매년 새로 짓고 다시 불태우며 숭례문을 영원한 불꽃으로 유지하기를 제안

3장 인간이 살지 않는 영역

대지 : 용산 미군 기지

역사적 사건 : 서울의 정중앙에 위치하고 있으나 외국 군대 주둔지로 150년 이상 사용되고 있다. 미군 2019년까지 평택으로 기지를 이동하기로 했다.

제안 : 인간의 간섭을 최소화하고 대지가 그 스스로 형상을 갖출 수 있을 때까지 기다린다. 자연은 그 스스로 재생할 수 있는 생명력이 있고 이것은 인간의 눈에 보이는 부분과 보이지 않은 부분까지 아우르는 복합적인 생태(Eco)시스템이다. 인간의 힘으로 자연에 선을 긋고 변형시켜서 그 모양을 유지하기 위해 지속적으로 인위적인 관리가 필요하다면 이것은 진정한 의미에서 생태(Eco)시스템이라고 볼 수 없다.

건축적 입장 :
현재의 상황을 볼 때 본인은 역사적으로도 그리고 현재에도 우리나라 사람들이 건축에 대한 긍정적인 인식을 가질만한 성공적인 건축적 사례가 없다고 본다. 건축은 국력과 문화의 결정체로써 보다는 사치와 낭비로 인식되어 왔던 것이 더 크다. (조선시대에는 지을 수 있는 건물크기에 대한 제약이 있었다.) 역사의 한 지점에서 그러한 건축이 있었다 하더라도 지금은 그 흔적은, 기억은 거의 남아 있지 않다.
건축으로 성공한 다른 나라의 사례를 피상적으로 부러워하지만 진정으로 우리 내부에서는 모두에게 긍정적인 효과를 가져다주는 성공적인 건축을 만들어 내고 있지 못하고 있다. 이것은 단지 건축가들의 문제는 아니며 건축을 이루어 내는데 필요한 모든 요건들. 공공의 관심, 미디어의 기사수준, 법적 절차, 공무원들의 수준, 시공사의 의지, 건축주의 이해, 건설사업의 관습등 모든 것을 아우르는 것이다.
본인은 아직 우리나라에는 미군이 이전함에 따라 생겨나는 이 거대한 땅을 최고의 프로젝트로 만들 수 있는 능력이 아직은 없다고 본다. 나는 '기다림' 이 오히려 개발보다 더 나은 전략이라고 본다. 실제로 런던의 Hampstead Heath는 수백년에 걸쳐서 조성되었다. 기다림으로써 수도의 중심부에 있지만 다른 나라에 속해있었던 그 지역이 폐허가 되어가는 모습을 보는 동시에 도시공원으로서 그 스스로의 모습을 갖춰 갈 것을 제안한다.

인간이 살지 않는 영역
용산 미군기지 부지를 DMZ 내 광삼평야처럼 긴간의 손길을 최소화 하고
시간에 의해서 자연경관의 회복을 제안

4장 돌아오지 않는 자들의 신기루 섬

대지 : 서울국립현충원

현재의 사건 : 1년에 한 번식 의례행사로 주로 사용됨

제안 : 신기루 효과를 이용하여 죽음의 공간과 삶의 공간의 병치한다. 그럼으로써 관람자가 묘지 사이를 걸으며 묘비들이 사라졌다가 다시 나타나는 등의 착시효과를 만들어 낸다. 다시 말해서 산책을 하는 동안 삶의 차원과 죽음의 차원의 경계를 모호하게 한다.

건축적 입장 : 현충원의 묘비들이 서울의 아파트들의 모습과 비슷하게 연상되는 것은 우연이 아니라고 생각한다. 기능주의에 입각한 격자구조의 공간배치이다. 현충원의 묘비들과 아파트의 모습을 병치시킴으로서 삶과 죽음의 공간에 대한 질문을 던지고 싶었다. 현대화 과정에서 더 잘 살고 더 풍요로워 졌지만 과연 우리의 삶의 질은 더 윤택해 졌을까? 또한 현대화 과정에서 우리는 과거의 신비주의적 허구에서 벗어나 개인 삶의 자유, 지성의 자유, 감성의 자유를 찾아 집을 버리고 유토피아로 떠나왔지만 우리가 찾은 유토피아는 공포스러운 크기들과 압도적인 거대함등이 아닐까? 이러한 생각들은 하이데거의 Building, Dwelling, Thinking 등의 실존주의자들의 생각을 공유한 것이다.

돌아오지 않는 자들의 신기루 섬

서울국립현충원 현충원 내 죽음과 삶의 공간을 병치시키는 신기루를 만들 것을 제안

5장 정의내릴 수 없는 것들의 길

대지 : 용산 국립 박물관에서 서울현충원까지

제안 : 두 개의 다리가 끊어진 길을 연결하기 위해 제안되었다.

다리 01 – 시간의 타원형

이 다리는 서빙고로에 의해 단절된 국립중앙박물관과 수변공간을 잇기 위해 제안되었다. 디자인 의도는 두 번째 다리인 다리 02- "정의될 수 없는 길"에서 바라보았을 때 완벽한 원형을 만들어 내고 태양의 반짝임 효과로 해시계를 만드는 것이다. 다리 02는 약 500m 남쪽에 위치하고 있다. 반짝임의 위치는 시계의 시침과 같은 역할을 한다. 바깥쪽 타원형과 안쪽 타원형의 설치 위치가 달라서 반짝임 하나는 시계방향으로 이동을 하고 다른 반짝임은 반시계방향으로 이동을 한다.

다리 01과 다리 02의 연결 모형

다리 01—시간의 타원형
반짝임이 시계의 시침처럼 작용한다

다리 02-정의내릴 수 없는 것들의 길

이 다리는 Ereignis[존재사건]의 영화적 공간과 실제의 공간에서 모두 제안된 것이다. 영화적 공간에서는 "남측 성벽"과 "돌아오지 않는 자의 신기루 섬"을 연결하며 실제적으로는 "국립중앙박물관" 과 "서울국립현충원"을 연결한다.
"정의될 수 없는 길"이란 제목은 영화 속의 주인공인 황제의 여정에서 따온 것이고 황제의 장례행렬이 다리의 지붕에서 보여진다. 실제의 제안 역시 국가 유공자들의 장례행렬이 다리 위를 걸음으로서 도시 속에서 보여지기를 제안하였다. 그리고 다리의 내부에서는 보다 일상적인 행위; 예를 들어 시장, 상업, 문화, 교육 같은 시설이 들어갈 수 있도록 하여 삶의 공간과 죽음의 공간이 병치되기를 제안하였다.
죽음의 공간을 현대의 도시, 서울에 병치시켜려는 이유는 도시를 만들어가는 원동력이 삶의 질과 삶의 여정에 대한 문제를 도외시한 체 오직 생산성이나 상품성에의해 이끌려 왔다고 보기 때문이다. 하이 데거는 죽음으로 향해 있을 때(being toward death) 다시 말해서 다른 사람의 죽음이나 어떠한 개 기를 통해서 자신의 죽음을 생각해 볼 때 인간은 진정하게 본연의 모습(Authentic Self)으로 돌아 온다고 했다.

다리 02 - 정의내릴 수 없는 것들의 길 국립중앙박물관과 서울국립현충원을 연결한다

다리 02 - 정의내릴 수 없는 것들의 길
지붕층은 국가 유공자들의 운구행렬이 도시 속에 보여지도록 한다.

다리 02 - 정의내릴 수 없는 것들의 길
운구행렬은 어둠의 입면으로 들어간다.

다리 02 - 정의내릴 수 없는 것들의 길
다리가 남쪽으로 가며 낮아지면서 운구행렬은 한강 가운데서 지붕층으로 나오게 된다.

다리 02 - 정의내릴 수 없는 것들의 길
어둠의 입면 내의 운구행렬

다리 02 - 정의내릴 수 없는 것들의 길
한강으로 나가는 길(Doorway to the Han River)

2012 베니스 비엔날레 작업과정

서신교환

From: Julian A. Löffer [mailto:julian@julianloefflerarchitecture.com] Sent: Saturday, August 11, 2012 8:03 PM
To: 'J T PARK'
Subject: RE: Your comment

Hi JT

I just woke up from the dream of your project....like the emperor. I watched it last night and again this morning.

I think your proposal contains a whole range of intriguing proposals, both on an architectural and on an urban scale, but I will not comment about these - I think you can judge that better than me because you know Seoul and anyway they will not change anymore with the given time frame. Are you going to exhibit any drawings or models?

I have some comments about the form of the ?lm. I hope it is helpful for you to see what I see watching the film and then decide if you are happy with that.

LAYERS OF REALITY
It is good that there are many layers of reality to this epic and we are moving between them - different scales of time and space, reality and dream. As Pascal says: Everything is as much fiction as it is fact and vice versa.

THE EMPEROR
One thing I was wondering about is "the emperor". I know that this relates to an existing story. But I was wondering if the emperor in the story has a name. I think calling the man by his name and letting him speak with a voice would help to make him a person rather than a political historical figure.

DREAM TIME - REAL TIME
The experience of the film is in general dream like. Partly due to the pace, the music and also the transitions between the different reality layers that only happen in dreams.
Sometimes I feel it could be even stronger if the trance-like sequences (I very much like the cemetery part) could be shorter in proportion to the real time parts (like the demonstration). Or less of them. It' s a fine line to find the right balance.

TEXT and WORD
You probably know that a lot of the text is not completely correct English - You may chose not to change this, I think sometimes it adds to the poetic quality. However, sometimes I think for viewers who are native English speakers, the funny English can become a distraction - you start focussing on the English rather than the content.
I think the film could benefit a lot if the text was subtitles with a Korean voice-over...especially the dialogues. You may not have time to do this, but I think it would help a lot.

THE MAP
Finally about the animated map:
The map is very helpful to make people understand the overall proposal - without it some parts may stay slightly mysterious.
However, I think the map gives the whole film the feeling of a project presentation, a lecture, rather than a dream or a vision.

There are things that work best as film and others that work best as drawings. I think it would be much preferable if the map was a printed drawing exhibited next to the film.

A minor thing about coherence: I think the beginning of chapter 5 you are trying to establish the spatial situation around the bridge - it' s a bit difficult to understand how the shots are in relationship to each other if you don' t know the area.
I hope this is helpful - let me know if you want to discuss or if I am not clear or if I can help in any other way.
Julian

Julian Löffier AADipl(Hons) RIBA
Chartered Architect
4 Charlotte Street
London W1T 2LP
T: +44 20 720 938 43
M: +44 79 864 793 74
julian@julianloeffierarchitecture.com

From: J T PARK [mailto:jeantaekpark@gmail.com] Sent: Sunday, August 12, 2012 1:15 AM
To: 'Julian A. Löffier ' Subject: RE: Your comment

Hi Julian

Thank for your considerate comments

Your comments scratched up things that I have been indi?erent for various reasons.

The map is a bugging thing but I will have to somehow show it in one way or another. No drawings or models are allowed.
This is strange but is what the Korean commissioner wants.
anyway as there are 7 other architects i don't expect a lot of people will see it in the Korean exhibition hall in Venice.
i intend it to upload on YouTube or similar websites and publish a book.

I started with a real story and also had an interview with a historian but at the end I decided to use the history just as a trigger.
it is also an ongoing sensitive matter with Japan. I didn't want it to be read or distorted as a nationalistic project. this is why i don' t use of the real names.
anyway in East Asia the emperor is not called with a name. An emperor' s name is normally given after his death according to his feats, achievements and character.
yes i will work on the grammar and nuances.
I agree the dialogue part may need something
Yes, the beginning of the chapter 5 is a problem. I will gather more opinions and will do something.
actually i was thinking to make it more ?ctional by changing the real names to ?ctional names like the others.
Thank you for your comments and time. it is very helpful

Regards
JT

From: Sharron Lee [mailto:sharronpjlee@hotmail.com] Sent: Sunday, August 12, 2012 9:02 PM
To: J T PARK
Subject: Re: Your comment

Dear JT

Just watched your ?lm for the second time.
First of all, congratulations to your entry and well done on this incredible work- you have spent enormous time on it I think!
I thoroughly enjoyed watching your film, the story grasps me deeply,like those movies that linger in you for a long time after you watch it, and kind of hoping it is a true story!
Here are a few comments, starting from what I like and least like:

like

1. I like the contrast you place, mixing between the past and present, throughout the film one gets to understand your critique on architecture in contemporary Korea I think. Love the old photographs, i hope the old photos can be a little tiny bit longer.
2.I like the fog scene and its music(although the music develops into something very zombi like....)
3.The story has a very nice built up,it' s a story which breaths. Eerie but beautiful.
4.The fire/dream scene is one of my favourite-- especially the play-back was very effective-- I felt the regret therefore it touches me.
5.Another my favourite scene was the mirage cemetery scene. I found it visaully attractive and refreshing, it brought a different rhythm in the middle of the film.

least like

1.I really like the music choices in you film, apart from Chapter 1 with Arvo Part' s Spiegel im Spiegel-- love this piece but it didn' t work for me in here-- somehow too sympathetic.
2.Sometimes i have a feeling that you mean something other then what you write down--maybe it will be good to have the English texts checked--not on the content but the words-- what you say it with.
3.I found the riot scene in Chaptor 3 a little too long-- just to show the crow tried to break in the foreign zone.
4. The womb space, the gate as eternal fire... I like all these concept and imagery in your proposal-- however I think what I lack here is the link between all these with your architecture-- the high point of your story so to speak(so I can sigh and feel somehow completed in the end). I lack a little bit of this high point after the build up-- the architectural quality itself.

Hope these help, in general I think it' s a great work!-- I can see you have so much to say, I can see how much you have enjoyed making it.
Good luck-- and looking forward to seeing the final completion! Sharron

From: J T PARK [mailto:jeantaekpark@gmail.com] Sent: Monday, August 13, 2012 12:01 AM
To: 'Sharron Lee'
Subject: RE: Your comment

Dear Sharron

Thank you very much for your comments.
Actually I was very much looking forward to receiving your comments as I liked you comments to Brookes students.
Yes, I also had a question mark on Avro part' s music.
and I don' t have the license to use it although I contact the record company few times

There are five sites and each site has a proposal.
- The heavy air(Fog)
- the gate as eternal ?re,
- waiting until nature revives,
- the mirage
- and the bridges

The bridges is only a proposal which is proposed with solid materials.
In reality, its roof deck is to expose funeral processions to Seoul National Cemetery as the title Ereignis seeks for an existential being.
In the film, the emperor' s funeral procession is shown but I made it vague half intentionally.

In the same line, cremation places are proposed beside the river as the cemetery doesn' t have a cremation building. Again it should be exposed to the city.

There are also artificial mounds proposed in the reminiscent of women' s breast as well as korean tradtional burial style.
this also extends over motorways to function as a bridge.

At the beginning of Chapter 5 I used the real place names. I think it wasn' t good.
One of my critical points was the city was segregated with big roads and motorways.
Now I simply describe it as obstacles or ?ctional names instead of the real road names or place names.

I wanted the proposal is completely melted in the narrative.
but i confess that in the midst of the process i questioned myself whether i am making it wholly for the fiction or as a
real proposal, partly because of the teaching experience at Brookes and the dip 3 learning

I agree the quality of the two bridges are not fully developed as architectural proposals
but i thought the film was enough to convey my intensions through the film, that is, questioning how things exist together and mutually help their existence,
therefore, maybe, improve values of beings.
Maybe it was too ambitious goal. ^.,^

There are interviews with philosophers. i am not sure i will have a time to include this as part of my project before the opening. the interviews will be as long as the main film.
Hopefully it will be there as a complementary film.

as for the text, yes i am working on it.

Thank you very much for your comments and watching my ?lm. it was really helpful

JT

From: Sharron Lee [mailto:sharronpjlee@hotmail.com] Sent: Monday, August 13, 2012 12:54 AM
To: J T PARK
Subject: Re: Your comment

Hi JT
Yes Indeed it is very ambitious as soon as one starts to talk on the "improving being" level. To be honest I don' t think the film has stuck me with this yet, or maybe " improving" is not exactly the right word........? but I can see that the proposal is almost melted in the narrative-- I guess the moment when it is not, it is because you have not fully made up your mind yet about what to keep as "real".
But i think in the end there is only one coherent reality. Everything is a construct, some fictions are easier to build and others are only possible to describe.
Having you explaining the project did help me to understand more of your proposal. I vote for staying on "fictional" and make it real good!
Hope you are well! I saw your son' s photo--he is very cute! All the best of luck! See you in Shanghai!!
Sharron

From: J T PARK [mailto:jeantaekpark@gmail.com] Sent: Monday, August 13, 2012 1:39 AM
To: 'Sharron Lee'
Subject: RE: Your comment
Hi Sharron

I believe in that improving the values of being is not difficult. it can change easily through making good relations or events.
The value of being is not inherently given to the being. It is about what you do. There is no such thing as the transcendent essence to beings.
so i would simply say that if i do a good thing the values of my being improves.

Ereignis - it is a big Heideggerian word. its Korean translation means existence-event. Whether or not i am being too naive in the thought i feel comfortable with it at the moment.
maybe as you said "improving" is not exactly the right word. thanks again
see you in shanghai
JT

From: Min Son [mailto:min@gardeneden.net] Sent: Monday, August 13, 2012 7:22 PM
To: 박 진택 Subject: 감상문

너무 잘 봤어요. 아름다운 영상이었어요.
제가 감히 어떤 평가를 내릴 수가 있겠어요.
그냥 느낀 점만, 감상문처럼 몇 자..

1. Palace of Heavy Air
Heavy Air란 부제를 듣고, Thick Air란 유사어를 떠올렸어요.
Heavy / Thick
양감, 질감, 물질성, 밀도 등등 미묘하게 표현할 수 있는 / 혹은 없는 각각의 어감이 다르겠지만.
꾹꾹 눌러 담겨 공기(air)의 입자가 공간을 빈틈없이 메우고, 쉼 없이 느린 속도로 운동하고 있는.
영상을 봤을 때 느낌은 그랬는데, 'Thick' 한 느낌과 더 비슷하지 않았나. 'Heavy' 보다는,전 그렇게 생각했어요.
아래서부터 차올라 층(layer)켠 공간의 두께(thickness)의 모호한 경계선을 연상할수 있기도 하고, 영상처럼.

2. Long Take
Long take로 한 장면만 고정하다, One take로 움직이는 장면으로 전환되었다, 다시 Long take, One take.. 되는 Sequence 가 좋았어요.
예를 들면, Intro에서 연기는, 움직이는 실체 VS. 고정된 Take.
Chapter 1에서 Palace of Heavy Air는, Still Space VS. 공간을 통과하며 진행되는 움직이는 Take.
아파트 장면도, 다른 전개의 두 Take가 전환되면서, 아파트 자체가 / 혹은 아파트를 둘러싼 공간으로 주체가 옮겨지고,
혹은 같은 객체로서의 아파트가 다른 움직임을(Take의 전개와는 반대의) 가지게 되는 것이 재밌었어요.
불타는 숭례문에서, 물과 불과 연기가 Long take로 보여지는 것에서. 극적으로 움직임이 가장 최대화되는데, 그 순간 움직임 자체가 최고점에서 꺾여 반대로 되돌아가는. 굉장히 장엄했어요.
이런 피사체 혹은 피사공간의 주체적(subjective) 움직임 / 카메라의 take의 상대적(objective) 움직임 사이의 대비. 그리고
그 대비가 스위치를 켜고 끄듯이 드라마틱하게 전환되는 것.
장면마다의 전환, 크게는 챕터마다의 전환, 축을 따라 북에서 남으로 내려오면서, 점을 통과할때마다의 전환. 카메라의 시선이 각각의 "event" 와 "action" 의 행함이냐 혹은 당함이냐에 대해 관찰하고, 보여주고, 이어주는 역할을 한다고 생각했어요.

3. 흑백 연기 / 붉은 연기
이 영상에서 가장 기억에 남는건 '연기' 의 이미지 였던 것 같아요. 처음과 끝의 느린 흑백 연기가 있었고, 중간에 peak(내가 생각하는)에 빠른 붉은 연기가 있었어요.
붉은 연기엔 태우는 불과 태우지 않으려 하는 물, 그리고 타는 (탐을 당하는) 재료의 건축. 그리고 그 모든 것이 뒤섞인 연기가 있었고, 붉고 강렬하고 위협적이었어요. 붉은 연기 장면들이 사실 가장 아름다운 장면이었어요. 저에겐.
흑백 연기는 무엇이 태우는지, 무엇이 타는지, 무엇이 태우는 행위에 반하는지, 숨겨져 / 혹은 부재하여, 그 자체로, 그 움직임만, 그 섞임만. 모든 것의 시작이 되고, 그 자체로 끝이 되는.

마지막에 하늘로 솟는 연기가 흑백 연기 장면으로 돌아가기 전에, 장작 타는 것 같은 '불소리' 가 참 좋았어요. 그런데, 연기 장면으로 넘어가며 여성 보컬의 음악은, 사실 전 별로였어요. 드라마틱하긴 한데, 다른 첨부로 덮히는 느낌이었어요.

All the architects were executed / Architecture was reborn.. not by human builders but nature in the passing of the time. Architects also emerged during this patient waiting

이 문장이 이 영상의 statement였다고 생각해요. 두서없이, 의미전달이 될런지,

영상을 한번 밖에 못봤는데, 이제 막혀있어, 그때 그 느낌들로 끼워맞춰 쓴거라, 틀린 부분도 있을것임을 감안해..
그냥 감상문이라 생각하세요. 별 도움이 안되 죄송해요..!
마지막으로 노래 한곡. 젊고 열정있고 다분히 정치적인 두 여학생의, 숭례문에 관한.
무키무키 만만수의 <방화범>
http://www.youtube.com/watch?v=w5c0bCmDfbM
술자리 한번 해요- 조만간- 오랜만에- ㅎ
Sent from my iPhone

From: J T PARK [mailto:jeantaekpark@gmail.com] Sent: Monday, August 13, 2012 10:34 PM
To: 'Min Son' Subject: RE: 감상문
좋은 평가 감사합니다.

네 영상은 thick한 느낌이 많이 있습니다. 이것은 연기를 만들어 내는 방법 때문인데
액화질소를 사용했다면 개념을 정확하게 표현할 수 있었을 텐데 냉각기를 사용해서 다소 의도하지 않은 공기의 효과로 표현되었습니다.
하지만 글자의 의미에서 오는 느낌.. 상승하지 못하는 무거운 공기가 더 적절한 듯 하여 heavy 로 그냥 쓰고 있습니다.

2. 이건 의도적으로 그런 것은 아닌데
명민이가 잘 짚어서 써주었네요. 명민이의 말을 듣고나니 정말 흥미롭습니다.
힘들었던 것 중에 하나가 주인공인 인물이 피사체로 존재하지 않았다는 것인데 그렇기 때문에
카메라의 움직임이 역사적인 사건의 동선이나 이 프로젝트에서 제안된 보행자 루트만을 따라야 했습니다.
사건이 고조되는 내러티브가 존재하고 가상의 인물들이 존재하는데 배경이 되는 공간을 주인공 없이 따라 간다는 것은 쉬운일이 아니었고
클라이막스가 인물들의 사건이 아니라 배경 그 자체의 질이 되어야 한다는 것이 어려운 일이었습니다. 어쩌면 이것이 이번 프로젝트가 성공할 수 있는가 없는가에 대한 관건 일 듯 합니다.
3. 네 붉은 연기 부분은 스스로도 만족을 하고 있는 부분이기도 합니다.
네 여성 보컬의 음악은 몇사람이 얘기했습니다. 다시 고려해 봐야 겠습니다.
좋은 감상문 고맙습니다.

사람들에게 피드백을 받고 수정과정에 있습니다. 크게 스트럭쳐를 바꾸지는 않겠지만
사실 그렇게 오랜 기간 숙고한 상태가 아니어서 여러부분을 계속 곰곰히 가다듬고 있는 중입니다.
네 끝나면 술 한잔 하지요.
예전에 처음 같이 술 마시던 때가 기억나는 군요.
진택

2012 베니스 비엔날레

맺음말

1. Ereignis를 만들며

본인은 물질들 속에 이미 어떠한 형태나 형질의 가능성이 내재되어 있다고 믿고 건축가로서 나 자신만의 아키텍토닉을 찾아가야 된다고 생각하는 신유물론자이지만 다른 한편으로는 20세기 초 실존주의자처럼 현대사회에서, 비록 나 역시 고독한 한 사람의 인간이지만, 사랑으로 소외되고 이질적인 세상을 어루만지고 싶다. 베니스 비엔날레 2012의 출품작인 Ereignis에서는 일련의 실제 사건들을 몽상의 Narrative를 통하여 재구성함으로서 시적 이미지를 만들고 관람자로 하여금 영화적 시간을 따라가게 함으로써 어떠한 감성을 불러일으키고 싶었다. 이성은 어떤 경우도 감성을 앞설 수 없다.

Ereignis는 학교라는 교육환경에서 나와서 작가로서 처음으로 만든 영상이다. 그에 따라 시행착오가 있었다. 처음엔 몽상적 내러티브와 세 개의 인터뷰의 내용들을 바로 병치시킴으로서 사실과 몽상 사이에 울림을 만들어내려 했었으나 다루는 영역이 워낙 방대해서 몽상과 사실의 진술을 효과적으로 병치시키기가 쉽지 않았다. 다루는 대지와 제안 역시 현재와 같은 5개가 아니라 청계천과, 러시아 공사관, 리틀 도쿄 등을 포함한 9개 지역과 제안이었다.

내러티브와 영상과의 관계도 더 많은 숙고가 필요하다는 것을 깨달았다. 영화제작처럼 대본이 짜인 상태에서 촬영을 하는 것이 아니라 대본 없이 촬영이 이루어지고 수집된 영상을 편집하고 몽타주하면서 영상의 내러티브가 만들어지고 건축으로서 제안되는 시공간이 구축되는 것이 영화적 건축의 기본 틀이기 때문이다. 좀 더 질 좋은 영상을 위해 재촬영이 필요한지 아니면 현재와 같이 다소 거친 화면으로 남겨두어야 할지는 앞으로 영화적 건축의 문제로 남았다. 한 가지 분명한 것은 영화적 건축이 기존의 영화가 되고자 하거나 건축이 영화와 경쟁하려 한다면 더 이상 건축이 아니게 된다는 사실이다.

Ereignis는 주인공이 실제로 영상 속에 등장하지 않고 그들이 있었던 배경공간만을 보여주며 이야기를 끌어갔다. 여기서 어떤 드라마를 연출하고 건축의 텍토닉을 끌어들이고 논하는 것이 쉽지 않았다. AA에서 영화적 건축은 대부분 학생들이 독백을 하고 독백을 통해서 이야기가 전달되며 텍토닉과 같은 요소도 설명된다. 본인이 느끼고 있었던 이 방식의 문제점은 이럴 경우 대부분 영상 속에 시공간은 경험되어지지 않고 강의처럼 설명되기 쉽다는 사실이다. 만약 영화적 시공간이 경험 되는 것이 아니라 설명되어지는 것이라면 굳이 영상이라는 어려운 미디어를 선택할 필요가 없다. 그래서 Ereignis는 제안된 공간들이 이미 영상 안에 구축되어 녹아 있다는 설정 하에 제안된 공간들로 만들어지는 사건을 만듦으로써 설명되어지기 보다는 경험되어지기를 의도했다.

비엔날레 작품을 준비하면서 영상으로 시공간을 연구하는 것이 매우 흥미롭고 엄청난 잠재성이 잠들어 있는 바다라는 것을 다시 한 번 깨달았다. 단지 현재의 건축실무의 구조아래서는 이러한 복잡한 단계와 방대한 작업 양을 수행하는 것이 그럼으로써 시간의 지속을 이용한 독특한 디자인을 발전시키는 것이 경제적인 문제나 시간적인 문제로 쉽지 않을 것으로 보인다. 다만 영상을 이용한 디자인은 복잡한 현대건축도시의 새로운 문제들에 대한 연구와 해결책을 제시하는데 매우 유용한 대안이 될 수 있는 충분한 가능성이 있다. 영화적 건축이 아카데미에서 학생들을 대상으로한 교육의 방식 이상으로 실무세계에서 성공하기 위해서는 새로운 영역을 개척해 나가기 위한 시도와 지속적인 실험과 시행착오 과정이 겪는 감내가 필요해 보인다.

2. 2012년 베니스 건축비엔날레 한국관 작가로서

창작분야에 종사하는 사람들은 두 가지 유형이 있다. 하나는 수집가(Collector)이며 다른 하나는 진정한 의미의 창작자(Creator)이다. 수집가는 새로운 것을 만들기보다는 좋은 것을 카피하여 자신의 방식으로 나름대로 재배열한다. 이 방식은 창작하기도 쉽고 다른 사람들도 대부분 알고 있는 방식이기거나 익숙한 것이기에 창작의 의도를 전달하기도 쉽다. 재배열이라는 과정의 정도에 따라서 어떤 수집가는 창작자에 가깝게 평가되기도 하지만 대부분의 창작하는 사람들은 사실은 수집가에 가깝다.

창작은—평생을 한 우물만 판 장인의 손을 가진 숙련공이 아니고서는—번뜩이는 아이디어나 직관에서 나오기는 거의 불가능하다. 왜냐하면 직관은 대부분 어디서 본 것을 연상작용에 의해 무의식으로부터 불러내는 것이기 때문이다. 대부분의 경우, 직관에 의해서 나온 아이디어는 설사 맞는 부분이 있더라도 얇은 이미지들이기 때문에 숙련공에 의한 제련과 메질의 과정이 필요하다.

나 역시 다른 모든 창작자들처럼 수집가이기 보다는 창작을 하는 사람이고 싶다. 그래서 창작을 하는 사람들, 새로운 것을 만들고자 하는 사람들에게, 결과를 떠나서 그 과정 속에 함께하고 싶고 대단히 큰 연민과 공감을 느낀다. 그리고 결과가 좋았을 땐 그들에게 박수와 아낌없는 갈채를 보내고 싶고 나도 내 노력과 작업에 아낌없는 박수를 받고 싶다.

2012년 베니스 건축 비엔날레 한국관에 대한 다양한 의견이 많이 있겠지만 나는 Common Ground의 주제어 아래 새롭게 시도된 작가 공모 과정으로 한국관의 작가로 선정되었다. 그리고 이 시도는 전시의 질을 떠나서 Common Ground란 주제를 매우 신중하게 해석하고 따르려 했음을—작가공모방식이나 선정된 작가들 그리고 '건축을 걷다' 라는 주제를 본다면—곳곳에서 느낄 수 있다.

하지만 내가 비엔날레를 준비하면서 느낀 것은 한국 건축계의 불신과 너무나 쉽게 단정 지어버리고 주류에 휩쓸려가는 쏠림현상이었다. 이것이 과연 내가 지난 10년간 런던에 있었고 상대적으로 대규모 회사들에 대한 거부감이 적었기 때문에 느끼는 순진무구함 때문일까. 광화문 광장, 서울시청, 서울시립미술관, 국립중앙박물관, 새빛둥둥섬 모두 대규모 회사에 의해서 이루어졌다. 그리고 이들은 서울의 도시 경관을 형성하는데 빠질 수 없는 건물들이다. 커미셔너로서는 이들이 좋고 나쁘고를 떠나서 어쨌든 이제는 도마 위에 올려놓고 얘기를 해야만 하는 상황이라고 생각한 것은 아니었을까.

2012년 베니스 건축비엔날레 한국관은 작가 선정 논란에서 시작하여 수준 이하의 전시라는 평을 끝으로 묻혀가는 듯하다. 대중의 관심을 받고 새로운 담론을 열수 있는 절호의 기회를 건축계의 불신 속에 스스로 파묻고 있는 격이다. 그 과정 속에 녹아있는 새로움에 대한 욕망과 시도는 그리고 전체주제를 해석하여 화답한 한국관 주제의 적정성은 전혀 논의되지 않았다.

오픈닝 때 한국관 등 각 나라 국가관 앞에서 현지 이탈리아 스텝이 출구조사를 했는데 결과가 어떠냐고 물으니 한국관은 '매우좋다' 는 드물지만 대체로 '좋다' , '보통이다' 라고 대답했다. '진부하다' 는 한지 벽면도 사실은 한국 사람에게는 진부한 것일지 몰라도 외국인들로부터는 좋은 반응을 받았고 김현수 작가의 영상도 가장 한국적인 장소를 선택하고 한국적인 정서를 담아냄으로서 관심을 받았다.

같은 맥락에서 황금사자상을 받은 도요 이토의 일본관과 전시작업들에 대한 평가도 전혀 다를 수 있다. 일본 현지의 쓰나미 복구현장에서 일하고 있는 한 일본인 건축가는 일본관에 전시된 작업들은 완벽한 환타지일 뿐이고 실제로는 전혀 그렇게 지어지지 않을 거라고 쓴 소리를 내뱉었다. 또한 일본의 관료주의나 매너리즘 때문에 신속하게 결정되어야 할 것이 계속 결정되지 못하고 복구작업이 지지부진한데 도요 이토가 힘을 쓸 수 있는 위치에 있음에도 불구하고 편한 자리에서 안주하며 방관하고 있다고 했다. 그리고 일본관의 황금사자상 수상을 역설적인 현상으로 보았다.

문제는 누가 어떤 스펙트럼을 가지고 무엇을 어떻게 보는가 이다. 모 언론에서 보도 했듯이 한국관이 '수준이하' 라는 평가 역시 누가 어떤 스펙트럼을 통해서 보고 있는지 생각해 볼 필요가 있다. 그리고 제일 혹독한 평가를 내놓은 모 언론의 기자는 사실 베니스 현지에 오지도 않았다. 다른 사람의 말을 듣고 받아쓴 것이다. 덧붙여서 한국에서 있었던 기자간담회에서는 단 한명의 기자도 작품에 대해서는 질문하지 않았고 기자간담회가 끝나고도 개인적으로 작품에 대해서 질문을 받은 작가는 없다. 심지어 베니스 현지에서의 기자간담회에서는 예술위에서 초청받은 한국 기자들이 나타나지도 않았다.

나는 새로운 시도를 한, 그래서 문제가 된 2012년 비엔날레가 잘 기록되고 논의 되었으면 한다. 문제가 있는 것은 나쁘지 않다. 나쁜 것은 그 문제를 불신 속에 덮어버리고 잊어버리는 것이다. 그러면 누군가는 똑같은 과정을 겪을 것이고 아니면 겉으로는 달라 보일지 모르지만 속으로는 같은 것을 반복해야 할 것이다. 극소수의 사람들은 새로움을 성취하면서도 대중의 이해를 받을 것이다. 그리고 극소수의 사람들은 아무리 질타를 받더라도 본인의 신념대로 자신의 작품활동을 할 것이다. 그러나 대부분의 사람들은 새로운 것을 만들어 가는 과정에 세심한 관심과 도움이 필요하다. 설사 대부분의 경우 단번에 새로움을 만들어 내지 못한다 하더라도 그것이 바탕이 되어 언젠가는 새로움이 만들어 질 것이라 믿는다. 어쨌거나 참을 수 없는 것은 구태의연함이고 진부함이다.

나는 창작자가 되고 싶은 사람으로서 새로움을 추구함에 있어 결과가 어떠했든 언제나 수집가나 평가자의 입장보다는 창작자의 입장에서 의도와 과정에 세심한 관심을 기울일 것이다. 취퍼필드가 말하듯이 우리에게 절실히 필요한 것은 Spectacle이 아니라 어떻게 의미 있는 질문을 던지고 만들 어가는가 이다. AA에서 처음 공부를 시작했을 때 한 학생이 종이를 아무렇게 구겨서 프로젝트를 시작하는 것을 보았다. 그 학생에게는 구겨진 종이의 접힌 선이 아름답고 흥미롭게 보인 것이다. 선생님은 그 학생이 접힌 선을 따서 구겨진 간격의 패턴을 분석하여 수학적 논리로 만든 다음 건물의 구조와 형태를 합리화하는 논리로 발전시킬 수 있도록 도왔다. 2012년 비엔날레는 마구 구겨져서 테이블에 올려진 종이와 같다. 이것을 바로 쓰레기통에 넣을 것이냐 아니면 지금은 알 수 없지만 뭔가 의미있고 새로운 것을 이끌어내는 원동력을 삼는 가는 아직도 우리의 손에 달려있다.

EREIGNIS

[존재사건]

2013년 2월 28일 발행 저자 | 박진택 · Jean Taek Park 발행인 | 김기현
발행처 | Spacetime · 시공문화사 편집디자인 | Design Battery 인쇄 | 예림인쇄 용지 | (주) 대림지업사
제본 | (주) 서정바인텍 본문용지 | Mystic 105g

서울시 서대문구 독립문공원길 17 극동프라자 5층 전화 02)3147-1212 · 2323 팩스 02)3147-2626
e-mail spacetime@korea.com www.spacetime.co.kr

 ISBN 978-89-5592-253-0

정가 10,000원